短视频拍摄与制作一本通

（微视频版）

魏颖　周雪婷　徐明◎编著

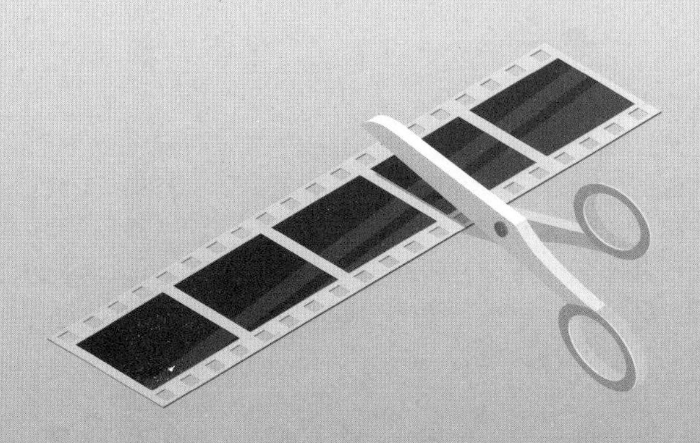

清華大學出版社
北　京

内容简介

短视频是目前正在流行的一种新的媒体形式，学习短视频制作主要是为了满足新兴视频的市场需求。短视频具有内容简洁、时间短、娱乐性强等特点，因此它已成为现代娱乐的主要方式。越来越多的用户愿意投入更多的时间观看短视频，因此，衍生出短视频内容制作市场，短视频市场拥有庞大的用户需求和资源需求。本书的编写主要围绕短视频制作，理论联系实际，注重实践能力的培养；体现和突出短视频的特色；既注重基础知识，又反映国内外短视频制作的最新成果和经验，为培养具有创新性、实践能力强的短视频制作人员服务。

本书内容由浅入深，案例丰富，涉及面广，可读性强，兼具理论性和实践性，适合制作短视频的专业人士阅读。

图书在版编目（CIP）数据

短视频拍摄与制作一本通：微视频版 / 魏颖，周雪婷，徐明编著 . —北京：清华大学出版社，2023.10

ISBN 978-7-302-64488-0

Ⅰ . ①短… Ⅱ . ①魏… ②周… ③徐… Ⅲ . ①摄影技术②视频制作 Ⅳ . ① TB8 ② TN948.4

中国国家版本馆 CIP 数据核字 (2023) 第 153680 号

责任编辑：魏　莹
封面设计：李　坤
版式设计：方加青
责任校对：么丽娟
责任印制：宋　林

出版发行：清华大学出版社
网　　址：https://www.tup.com.cn，https://www.wqxuetang.com
地　　址：北京清华大学学研大厦 A 座　　**邮　　编：**100084
社 总 机：010-83470000　　**邮　　购：**010-62786544
投稿与读者服务：010-62776969，c-service@tup.tsinghua.edu.cn
质 量 反 馈：010-62772015，zhiliang@tup.tsinghua.edu.cn
印 装 者：三河市君旺印务有限公司
经　　销：全国新华书店
开　　本：170mm×240mm　　**印　　张：**14.25　　**字　　数：**271 千字
版　　次：2023 年 12 月第 1 版　　**印　　次：**2023 年 12 月第 1 次印刷
定　　价：89.00 元

产品编号：098132-01

前言 PREFACE

随着智能手机和互联网的普及，短视频逐渐成为人们日常娱乐和学习的重要方式。而如何创作出有趣、有吸引力的短视频，也成为很多人关注的问题。但是对于许多人来说，短视频制作是一件令人“望而却步”的事情。你可能会觉得自己不具备相应的技能或者设备，也可能会觉得制作短视频需要花费大量的时间和精力。然而，本书要告诉你的是，制作短视频并没有那么难。只要你掌握了一些基础知识和技巧，就能够快速地制作出有趣的短视频。

本书共分为八章，分别就认识手机拍摄、掌握基本拍摄操作、提高手机拍摄技法、主题摄影、后期修图、短视频策划与拍摄、短视频后期制作以及精选实践案例等短视频拍摄问题进行了图文并茂的阐述，具体内容如下。

第 1 章为认识手机拍摄，分别说明手机拍摄发展史、手机拍摄优势、手机品牌和操作系统、手机拍摄的辅助器材以及手机拍摄优秀作品赏析。

第 2 章为掌握基本拍摄操作，主要介绍拍摄的基础知识、拍摄角度与方向、拍摄景别以及运镜方式。

第 3 章为提高手机拍摄技法，主要介绍手机拍摄界面与基础操作、手机拍摄模式、利用景深、变换虚实、多种构图方式、色彩的搭配以及光影的使用。

第 4 章为主题摄影，主要介绍美食、人像、风光、夜景与星空、街拍与纪实以及创意摄影。

第 5 章为后期修图，主要介绍裁切与拼接、滤镜、调节参数以及合成特效。

第 6 章为短视频策划与拍摄，主要分析短视频的特点与种类、短视频策划以及短视频拍摄。

第 7 章为短视频后期制作，主要介绍短视频后期处理软件、视频素材的基本处理、视频剪辑、视频变速、蒙版应用、视频调色、添加转场、添加音频、添加字幕、添加特效、导出成片。

第 8 章为精选实践案例，主要介绍“天地相接”镜像效果、“分身术”特效、黑金城市夜景、赛博朋克风特效、闪电侠穿越特效、动感音乐卡点视频、电影级大片制作以及创意短视频制作。

本书理论联系实际，内容深入浅出，案例丰富，涉及面广，可读性强，兼具学术性、理论性和实践性。

本书由宿迁学院的魏颖老师、南京艺术学院的周雪婷老师以及江苏师范大学的徐明老师共同编写。由于作者水平有限，书中难免存在疏漏之处，欢迎广大读者和同人提出宝贵意见。

“

目录 | CONTENTS

第 1 章　认识手机拍摄

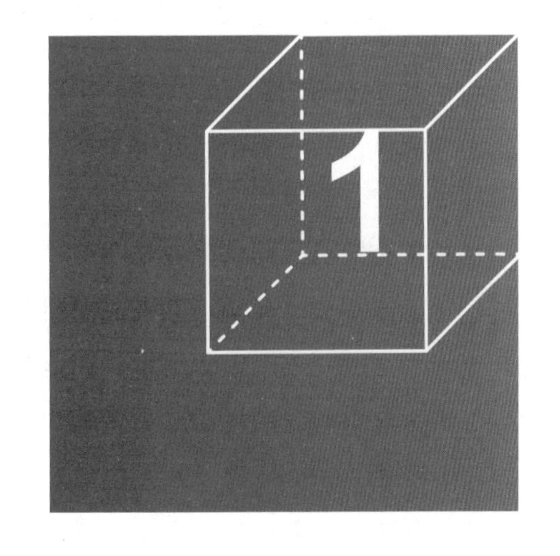

手机的普及和功能的完善，给爱美、爱摄影拍照的人们带来福音，在景点、公园、大街小巷及山村田野，到处是“拍拍拍”。不用胶卷，不用印放，在微信上“发发发”。这种成本少及简易方便的拍摄方法，造就了全民参与的拍摄大军，并在逐步形成手机摄影艺术。

1.1 手机拍摄发展史

手机在影像方面的发展，已经发生了翻天覆地的变化，从2000年全球第一款内置摄像头手机的问世，到如今手机拍照的性能甚至可以取代卡片机成为人们比较喜欢的摄影器材，而且手机摄像头的像素也从最初的11万~200万像素、200万~800万像素发展到了如今的1亿像素。

1.1.1 手机拍照从入门到专业

自从第一款拍照手机夏普J-SH04面市，手机的拍照功能就一直被各个手机厂家大力宣传，旗舰手机的拍照功能在各个手机发布会上都被极力炫耀，同时也引起了消费者的重视。

手机拍照从入门到专业早在这一轮智能手机大潮来临之前，以功能机为主的时代，如索尼爱立信就有以拍照为主打的K/C系列、诺基亚同样有拍照和智能并重的N系列，如图1.1所示。在这些被后世视为拍照经典的系列中，我们见证了手机摄像头的像素为200万~1200万，见证了CMOS从忽略不计的尺寸增加到1/2.5英寸，再到1/1.83英寸，见证了机械快门、可变光圈、氙气闪光灯、光学变焦等原本只在相机上才能实现的功能出现在了手机上。

图1.1 诺基亚N系列

手机的拍照硬件和专业程度也不断向当时的卡片DC靠拢，这个趋势在2012年诺基亚808 PureView和2013年诺基亚Lumia 1020这两款手机上达到了阶段性顶峰，如图1.2所示。即使到现在，4100万像素依然是智能手机中像素较高的。

图 1.2 4100 万像素、1/1.2 英寸 CMOS 的诺基亚 808 PureView

在这个周期内（从第一台可拍照手机被推出到 2013 年），手机的拍照功能就没有停止过进步。甚至一直被吐槽是“拍照高手”的摩托罗拉也联合柯达在 2009 年推出了拍照手机 ZN5。这种跨界联合，同样也在其他品牌上演，最著名的当数诺基亚和蔡司的合作，当然还有 LG 和施耐德，索尼爱立信 C 系列拍照手机之名直接来自索尼旗下的 Cyber-Shot 数码相机。这些都是手机厂家之前就对拍照功能足够重视的案例。

伴随着手机拍照功能的专业化，手机拍照的画质也在逐渐清晰。依靠小巧便携杀出一条血路的卡片机在更便携小巧的手机面前，画质的优势越来越小，最终沦为智能手机挤压下的夕阳产业。相机只能退守到真正的专业市场，成为专业用户的选择。当然，入门级音乐播放器行业成为夕阳产业也是同样的道理，动辄上万的音乐播放器成了小众玩物，也只是被发烧友追捧，而拥有广大拥趸的便携式 MP3 也被手机取代。

1.1.2 手机拍照从专业到易用好玩

为什么现在的手机厂家对拍照（“摄影”这个词太过专业）功能的易用性和趣味性越来越重视？为什么如今的手机越来越偏向摄影功能？

如果前文描述的“手机拍照越来越专业”周期为夏普 J-SH04 到诺基亚 Lumia 1020（Lumia 1020 后，更专业的拍照手机也有推出，如松下 CM1，但早已不在大众关注的范畴），那么，手机拍照易用性和趣味性得到重视的滥觞则是苹果手机（iPhone）的出现。

尽管如今已经是 4G 普及、5G 到来的时代，但相对 2G 网络有真正质变、国内移动互联以 WCDMA 为基础的网络是在 2009 年 10 月 1 日才开始商用的，而伴随着 WCDMA 网络一起与中国消费者见面的是当时第一次进入中国内地市场的 iPhone 3GS。iPhone 正式进入中国的前后，国内对于手机的 Wi-Fi 功能正式解禁，如图 1.3 所示。

高速的 WCDMA、Wi-Fi 网络、应用分发更为简单的 App Store，以及软硬件都有长足进步的 iPhone，让 Web2.0 和移动互联网的时代到来。

2010 年和 2011 年，用户门槛更低的 Android 开始大规模进入中国，移动互联网和当代智能手机普及的速度大大加快，以手机为支点的社交网络也在不断刷新用户活跃数据。消费者用手机拍出的照片有了极佳的使用场景（包括但不限于在社交网络上的分享），消费者对于手机拍照的要求在原本就不低的需求基础上进一步提高。比如，OPPO 手机的相关人员就向爱范儿（知名互联网内容媒体）透露过，根据消费者回访，OPPO 手机用户都较为喜欢拍照和分享，如图 1.4 所示。

图 1.3　iPhone

图 1.4　OPPO Find N

现在常被大家挂在嘴边、处于销量前列的 OPPO、vivo、小米、魅族等国产品牌手机都是在移动互联网大规模兴起的这两年间推出旗下第一款 Android 智能手机，而华为虽然早早就推出了 Android 手机，但真正让华为手机收获颇高关注度的还是其在 2011 年推出的华为荣耀手机。

作为行业标杆，iPhone 对于整个行业的指导作用是显而易见的。iPhone 的简捷拍照模式，甚至有些简陋的拍照界面让拍照发烧友诟病，却受到了为数众多的小白用户的欢迎。“随手一拍就能拍出不错的照片”这样的理念自然不会被其他手机生产厂家错过。“全自动模式也能拍出好片”的背后则是算法的不断积累。也正是因为这些算法的积累，使国产手机原本相对薄弱的拍照技术在这一两年整体上也得到了不小的提升。即使这些国产厂家还保留着一套可调节颇多参数的“专业模式”。

而对于国内消费者心理的细腻揣摩则让国产手机拍照的易用性有了进一步增强。例如，深得女性消费者青睐的人像美颜，尤其是前置摄像头自拍美颜模式便是明证。

iPhone 对手机行业的深远影响更体现在工业设计上。iPhone 4 之后，手机的机身厚度越来越薄，纪录被刷新的速度也越来越快。

在这样的行业大势之下，即使诺基亚 808 PureView 和 Lumia 1020 这两款手机拥有傲视所有手机的拍照画质，但超大 CMOS 和专业的氙气闪光灯、机械快门等带来的厚重机身也是这两款智能手机的“难以承受之重”。所以，在这两款手机之后，主流手机拍照专业化之路也难以为继，只能沦为小众玩家的发烧情趣。目前，主流品牌手机中，最大的 CMOS 也仅为 1/2.3 英寸，和诺基亚 808 PureView 的 1/1.2 英寸相去甚远。

另外，得益于行业内重要的索尼 CMOS 手机供应商的工艺不断改进和新技术的应用，手机拍照的画质在 CMOS 尺寸不变甚至变小的情况下得到增强，如图 1.5 所示。

图 1.5　均为索尼 CMOS 样张，左为 IMX230，右为 IMX318，尺寸更小的 IMX318 夜景画质仍然优秀

当画质被保障在一定的水准之上，索尼 CMOS 手机的性能也稳中有升。比如，CMOS 数据带宽的大幅提高，再配合手机 ISP 性能的增强，这才能使手机的拍照功能多样化（背景虚化、多帧降噪、全景模式等）；再比如，CMOS 上对焦点数量的大幅增加，让手机拍照的成片率提高不少。

最后，我们再总结一下，拍照功能从移植到手机开始，就一直被厂家和消费者重视。其发展的第一阶段，手机不断集成来自卡片相机的功能，变得越来越专业；在手机拍照发展的第二阶段，随着社交网络成为手机照片的主要应用场景，以及受限于手机的体积和厚度，手机不再追求专业，而是追求趣味和好用，如

图 1.6 所示。其前提条件则是 CMOS 和手机 ISP 性能增强。而根本原因，还是消费者对拍照的重视，厂家利用这些拍照制造差异化卖点。

图 1.6 “趣味”手机

1.2 手机拍摄优势

近年来，随着手机设备不断更新换代，手机的拍照效果取得了明显的改善，虽比不上专业的单反相机，但是成像效果与入门级的卡片机已经不相上下。那么，手机拍摄有哪些优势呢？

1.2.1 手机比较轻巧，拍摄机会多

手机的优点就是比较小巧、轻便，可以不夸张地说，最重的手机也比最轻的相机（不包括谍战片里的相机）要小要轻，如图 1.7 所示的手机拍摄。

图 1.7 手机拍摄

随处拍摄，意味着出好片的概率会增大。

手机是现代人的必需品，这也意味着大多数情况下，你可以随时随地用手机进行拍摄，也就是说，手机拍摄的机会要比带着相机拍摄的机会多得多。毕竟如果是单反或无反相机，你要带上摄影包，装上一两个镜头，这样携带相机的成本就比较高。

另外，手机的拍摄便捷、快速，而相机有时还要调整光圈和焦距，对焦再按下快门，也许决定性瞬间就因此消失了。

1.2.2 手机拍摄的灵活度高

在相机的翻转屏没有出现之前，相机在拍摄一些低角度或高角度的作品时有些力不从心，而手机就没有这个尴尬，怎么拍都可以，甚至反转自拍都不成问题，如图 1.8 所示。

图 1.8 多角度灵活拍摄

1.2.3 手机拍摄的隐蔽性强，对被拍摄者的压力小

在一些特殊情况下，手机快取快拍，很适合抓拍，同时手机的目的性不太强，你可以假装在看信息，而实际上是在取景拍摄，当然我们并不鼓励用手机偷拍。

相机的拍摄就比较正式，比如给人拍照时，有些人的镜头感差，其实就是在镜头面前略显紧张，如果用手机，或许就会放松很多。

1.2.4 无须携带多个镜头

现在的手机，通过增加更多的摄像头来实现变焦和背景虚化等功能，这让手机的拍摄更加便捷，比如华为 Mate 40 的 10 倍光学变焦，让你近拍、远拍都非常从容，如图 1.9 所示。而如果相机要带一个大变焦镜头，那镜头的体积一定是比较大的。

图 1.9　华为 Mate 40 拍照

1.2.5　手机拍摄简单方便

手机拍摄时用屏幕取景，所见即所得，和现在的无反类似，而且由于主摄焦距短，景深较大，无须进行对焦操作即可得到清晰照片，如图 1.10 所示。

图 1.10　手机所见即所得，傻瓜式拍照

借助于 AI 和更好的图像处理流程，手机的照片即拍即得，并且内置了照片的优化功能，使得所拍照片无须处理即有较好观感，且现在大部分人的手机都是实时在网，分享照片非常方便。

1.2.6　手机的像素越来越高

像三星、小米有着过亿像素的拍摄能力，不管怎样，画面的细腻度一定更高，如图 1.11 所示。

图 1.11 像素高并不是坏事

1.3 手机拍摄的辅助器材

现在拍照手机的普及让很多人都圆了摄影梦，几乎每个人遇到让自己喜欢或感动的场景都会拿出手机拍下精彩的瞬间，然后发条微博，或者分享到朋友圈。虽然拍照的人多了，但是看起来让人愉悦的照片还是相当少。分析原因，除了大部分人不懂拍照，不会构图之外，还有一部分原因是手机的性能不太专业而需要辅助器材。

1.3.1 自拍杆

自拍杆是风靡世界的自拍神器，它能够在 20~120 厘米任意伸缩，使用者只需将手机固定在伸缩杆上，通过遥控器就能实现多角度自拍，如图 1.12 所示。

图 1.12 自拍杆

首先，一些自拍杆能够兼容 iOS 和安卓两个操作系统，有些却只能使用一种操作系统，如果希望自拍杆可以适用于更多的 3C 设备，选择时就要留意这一点。

其次，自拍杆是通过什么工具来控制拍照的，也是决定操作感受的重要组成部分：一些自拍杆需要在手机端和自拍杆端分别连接蓝牙，使用“快门遥控器”来操作。虽然可以不按相机或手机上的快门键，但需要按遥控器按键。一些自拍杆则将控制按键设置在杆子的把手处，通过蓝牙自动识别手机系统，直接按按钮就可以拍照，不用额外使用遥控器。

另外，“拍照反应速度”的指标也相当关键。如果摆好了 Pose，却需要较长的按键反应时间，那就很累人。

一些自拍杆可以调节手机的焦距，大部分则无法调节焦距，而且可调节焦距的操作也有可能只局限于部分品牌。

从自拍杆的“硬件配备”来看，大部分自拍杆的拉伸范围为 24~94 厘米，也有 65~135 厘米的尺寸，长度的选择可以依不同的需要决定，但如果希望便携，24 厘米左右的收纳长度更适合放入旅行背包。

蓝牙连接的有效范围一般为 10 米左右，如果希望得到更“广角”的效果，则可以选择能拉伸至 135 厘米的自拍杆。另外，自拍杆前端的手机夹是否支持大角度旋转也非常重要，一些自拍杆的设置旋转角度为 360 度，一些则可以达到 720 度立体旋转。

一般来说，自拍杆自身重量为 88~160 克，承重则在 500 克左右，但选择时要留意其锁紧功能，确保手机或其他电子设备在使用中不会出现滑落、摇摆等情况，不然，不但得不到好的拍摄效果，还有可能造成手机的损坏。自拍杆的拍摄按键位置要设计合理，基本在大拇指的控制范围内，并且点按舒适，只为拍出最佳效果。一些自拍杆的拍摄按键触感较硬，长时间使用会感到不适。

此外，从材料上看，普通自拍杆使用不锈钢，高级自拍杆则使用碳纤维，这种材质质地轻盈、冲击吸收性好，对于自拍杆来说更为适合，不过成本也会相应提高，在价格方面有所体现。

值得注意的是，自拍杆使用的时候可能会出现手抖的情况，杆子越长抖得越厉害，加上手机的防抖功能还不够出色。实际上，美国联邦通信委员会（FCC）对于进口和使用无线电频率装置，包括电脑、传真机、电子装置、无线电接收和传输设备、无线电遥控玩具、电话以及其他可能伤害人身安全的产品设有 FCC 技术标准，由于使用了蓝牙技术，在美国销售的自拍杆必须达到 FCC 技术标准。

1.3.2 特写镜头

特写镜头简称“特写”，如电影中拍摄人像的面部，人体的某一局部，一件物品的某一细部的镜头。特写镜头是电影艺术创作史上的一个重大发展，最早由美国电影导演格里菲斯等人创造、使用，它的出现和运用，丰富和增强了电影艺术独特的表现力，如图 1.13 所示。

图 1.13 特写镜头

人肩部以上的头像或其他被摄对象的局部称为特写镜头，特写镜头的被摄对象充满画面，比近景更加接近观众，背景处于次要地位，甚至消失。特写镜头能细微地表现人物面部表情，它具有生活中不常见的特殊的视觉感受，主要用来描绘人物的内心活动，演员通过面部把内心活动传递给观众。特写镜头无论是人物还是其他对象均能给观众留下强烈的印象，在故事片、电视剧中，道具的特写往往蕴含着重要的戏剧因素。在一个蒙太奇的段落和句子中，特写镜头有强调和加重的含义。比如拍老师讲课的中景，讲桌上的一杯水，如拍个特写，就意味着可能不是普通的水。

正因为特写镜头具有强烈的视觉感受，因此特写镜头不能滥用。要用得恰到好处，用得精，如此才能起到画龙点睛的作用。滥用会使人厌烦，反而会削弱它的表现力，尤其是脸部大特写（只含五官）应该慎用。电视新闻摄像没有刻画人物的任务，一般不用人物的大特写。在电视新闻中有的摄像从脸部的特写拉出，或者从一枚奖章、一朵鲜花、一盏灯具拉出，用得精可起强调作用，用得太多也会导致观众的视觉错乱，倒观众的胃口，如果形成一个“套子”就更不高明了。

1.3.3 稳定器

手机稳定器，也叫作手持云台，顾名思义，就是手机在拍摄时（如拍摄vlog），用于稳定画面，让用户在站立、走动甚至跑动的时候都能拍摄出稳定顺畅的画面。手机稳定器的核心就是陀螺仪和配套的稳定算法。

手机稳定器的作用有如下几点。

（1）如果你使用了手机稳定器，那么无论你是在走动还是跑动，你的手机都会像下面这个鸡头一样稳，如图 1.14 所示。

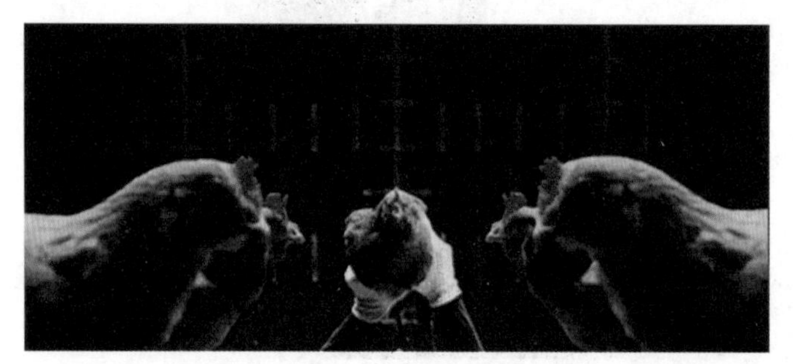

图 1.14 稳定效果

（2）手机稳定器结合运镜技巧，可以丰富镜头语言，如盗梦空间、希区柯克效果等，如图 1.15 所示。

图 1.15 盗梦空间效果

（3）手机稳定器最重要的作用就是稳定，有一小部分的手机稳定器虽然叫作“稳定器”，但不一定是真正的“稳”。想要拍出稳定、不抖动的画面，就一定要真正具备超强稳定性，如图 1.16 所示。稳定器的三轴是指航向轴、横滚轴、俯仰轴，分别由三个电机控制转动。简单来说，就是把三个轴向固定住，让拍摄的画面不会晃动，有一种专业的运镜感。

图 1.16　手机稳定器

1.3.4　三脚架

摄影爱好者要想拍摄得更加专业，合适的摄影配件不可缺少，因为在一些特殊的拍摄场景，摄影配件能够起到决定性的作用，比如三脚架。很多摄影朋友经常让笔者推荐三脚架，网上的种类太多不好选择。三脚架无论是对于业余玩家还是发烧友都是很有必要的。它的主要作用就是稳定手机，以达到某种摄影效果，比如拉丝流水、车轨、星空、夜景车轨、延时摄影等。

根据脚架形状的不同，手机三脚架可以分为基础的标准型和脚架可弯曲的软脚型，建议根据拍摄场景来选择。

标准型：适合平坦的拍摄位置，如图 1.17 所示。

一提到三脚架，大家首先想到的大多是标准型。三条可收展的笔直脚架，尤其适合平坦的拍摄位置。由于脚架部分十分结实稳定，所以易于安装，日常拍摄基本都能控制住，而且这类手机三脚架选择范围相当广，很容易就能找到适合自己的款式。

然而，这类手机三脚架在凹凸不平的地方就有点不太合适。为了避免因三脚架倾倒而摔坏手机，选择摆放位置的时候就需多加注意。

软脚型：轻松适应各种地点，如图 1.18 所示。

图 1.17　标准型三脚架

图 1.18　软脚型三脚架

想要在拍摄时尝试各种各样的角度，软脚型三脚架是首选。软脚型三脚架的脚架部分就像八爪鱼的触手一样，可以自由弯曲，因此，也被称为八爪鱼三脚架。它能轻松架在各种凹凸不平的位置，缠绕或挂在树枝、栏杆等地方，任何刁钻的拍摄角度它都能拍摄。

虽然这类手机三脚架能适应各种位置，但当要好好放在桌子上拍照时，反而需要花时间将每只脚架都撸直，如图 1.19 所示。如果想缠绕或挂放使用，也需要牢牢固定以防滑落。

既然是手机三脚架，那么跟手机的适配性也是相当重要的。虽然大部分手机三脚架都是通用的，但手机夹部分的大小可能不适配超大屏手机，如果用 iPhone Plus 等大屏手机，入手三脚架时不妨就考虑得周全些。

三脚架的稳定性主要表现在承重上。各类三脚架所能承受的手机重量不同，如果超过承重范围，就可能发生倾倒，甚至造成三脚架和手机损坏，而且承重量不建议“踩点”选择，而是越大越好。想体验各种摄影构图，可以选择高度可调节的手机三脚架，如图 1.20 所示。

图 1.19　撸直的软脚型三脚架

图 1.20　可调节手机三脚架

当拍摄对象距离较远时，有一定高度的款式效果会更好。相反，如果是较矮的三脚架，则适合低角度近景拍摄。因此，高度可调的手机三脚架最值得推荐。

1.3.5 辅助灯

使用辅助灯，能使手机在光线不足的情况下拍出最佳效果。辅助灯发出的光线，主要用于辅助主光的塑形，控制暗部阴影，平衡画面明暗。一般分为冷色调和暖色调，暖光会让主播看上去更贴近自然，冷光则会让主播看上去更加白皙透彻。使用辅助灯的时候要注意避免光线太暗和太亮的情况，光度不能强于主光，不能干扰正常的光线效果，而且不能产生光线投影。辅助灯可用于智能手机、数码单反相机、平板电脑及各种运动摄影设备的拍摄，如图 1-21 所示。

图 1.21 辅助灯

由于它拥有自己的内置电池，并不会消耗智能手机中的电源，设有照片（短片）模式，亦可做独立光源照明辅助灯，常亮模式可当应急手电筒使用（连接到智能手机或其他设备）。

在用于同步闪光拍摄时，它可以和 iOS、安卓等智能手机和平板电脑进行同步连接，安装完成后可实现同步拍摄时闪光，提升拍摄效果，不拍照时辅助灯处于待机模式，辅助闪光灯的缺点是非常亮，光线刺眼，伤害拍摄者的眼睛。

这种辅助灯外观小巧，使用方法简单，拥有黑、白、银三种颜色，可以通过 3.5mm 耳机接口连接到智能设备上，也能作为自拍闪光灯，在一定情况下提升自拍效果。机身上除了四颗高亮度 LED 灯之外，底部还有一个电源按键，同时也能调节闪光灯亮度。

1.4 手机拍摄优秀作品赏析

手机不仅成为记录日常生活、表现时代发展的重要工具，更是给摄影爱好者带来了更加广阔的创作空间。广大摄影爱好者可以用手机镜头去感知生活的美好，记录身边的故事，用新视角捕捉民俗风情、文化古韵，用新手法展现时代发展、大美河山。

1.4.1 《花径》

图 1.22 所示的《花径》使用了对称式的构图形式，对称构图就是利用拍摄对象所具有的对称关系来进行构图的方式，这种构图方式属于比较严谨的构图类型，追求的是画面中的景物对称一致、和谐统一，给人均衡、稳定的感觉。作品在拍摄角度上是水平正面拍摄，这种角度会产生真实、自然的视觉效果，再利用花布道具作为小路引导线，使用透视夸张的引导线来增强画面的视觉冲击力，这些都是摄影师高水平审美的完美体现，如图 1.22 所示。

图 1.22 《花径》

1.4.2 《迷失》

《迷失》这幅作品表现的是一个湖面上的孤舟，取景比较简单。虽然该作品中孤舟的意境基本上也拍出来了，但还是有几个可以改进的小问题。

首先地平线稍微有点倾斜，后期还得纠正。背景天空的亮部区域还可以再压暗一些，因为作者想要表现的是孤独、宁静的氛围，整个画面可以偏暗一些，更能强调这样的意境。

构图方面还可以再多留一些背景，也就是取景范围更大一些，背景的水面、天空多一些，船和人物在画面中的比例再小一点儿，这样更能凸显船只在整个画面中渺小、孤独的意境，如图 1.23 所示。

图 1.23 《迷失》

1.4.3 《五彩滩》

在《五彩滩》这幅作品中，作者很好地运用了远处地平线形成稳定的水平分割，使得画面均衡、稳定，并具有了不对等的面积对比变化。地面的河道形成了曲线构成，整体给人流畅、旋律、优美的感觉，并且还具有引导线，将观看者的视线延伸到画面远处，增加了空间感。这样的曲线构成使作品的内涵更深入，意境更高，韵味更浓。作者恰当地选择了合适的拍摄时间，捕捉到大自然的暖色光源照明，让画面产生了浓厚的暖色调，暖色调使得画面温馨、辉煌灿烂，局部的冷色（蓝）更是收到了活跃画面的效果，如图 1.24 所示。

图 1.24 《五彩滩》

思考题

1. 手机拍摄是怎样发展的?
2. 手机拍摄有什么优势?
3. 除了本书中提到的手机品牌，你还了解哪些手机品牌?
4. 找一些最新手机拍摄照片进行赏析。

第 2 章　掌握基本拍摄操作

我们使用手机进行摄影创作时，很多人总会感觉到拍出的照片效果欠佳，于是就会怀疑手机的摄影功能。但是在摄影平台上，手机摄影大师分享摄影大片时，总会让一些摄影爱好者陷入纠结和焦虑的旋涡中。到底是哪里出了问题呢?

2.1 拍摄的基础知识

现在很多手机可以代替相机拍出清晰、好看的照片，那么，我们就应该了解手机的照相知识和技能，不断地学习、摸索和成长。接下来，我们一起看看手机摄影入门的基础知识。

2.1.1 光圈

光圈是一个用来控制光线透过镜头进入机身内感光面光量的装置，它通常在镜头内。

对于已经制造好的镜头，我们不能随意改变镜头的直径，但是我们可以通过在镜头内部加入光圈叶片，使其形成一个多边形或者圆形的孔状光栅，并且其面积可变，来达到控制镜头的通光量，这个装置就叫作光圈，如图 2.1 所示。

图 2.1　光圈

表达光圈大小用 F 数表示，记作 F/。光圈的大小不等同于 F 数，相反，光圈大小与 F 数大小成反比，F 数又称光圈数。如大光圈的镜头，F 数小；小光圈的镜头，F 数大。

手机中的光圈都是大光圈，一般为 F/1.5~F/2.4。但是手机拍出的照片却往往都是大景深效果，这个跟单反相机的大光圈小景深的效果不太符合。这是因为手机的图像感应器（CMOS）面积比较小。如果换算成等效光圈，手机的光圈数至少应该在 F/11 以上，这就不难理解为什么手机拍出的照片往往都是大景深了吧。

另外，大部分手机光圈都是不可调整的。可调整的手机也仅仅是 F/1.5 和 F/2.4 这两档。手机上曝光的控制主要是通过快门速度和感光度来调整的。

很多手机中都设有“大光圈”或者“人像”模式，表面上可以实现从 F/16~F/0.95 的光圈调整，但这些功能其实并没有真正改变光圈的大小。

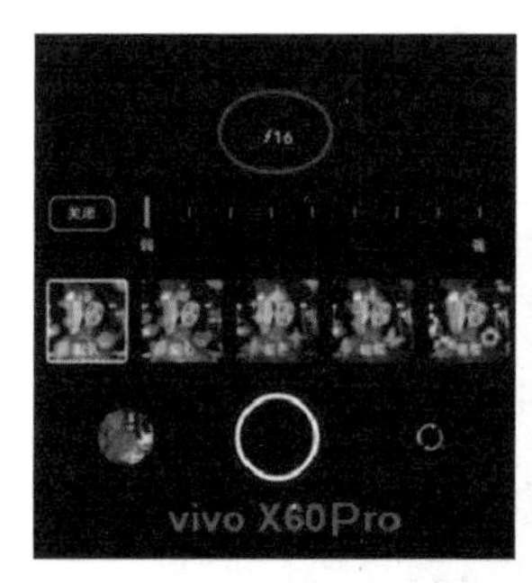

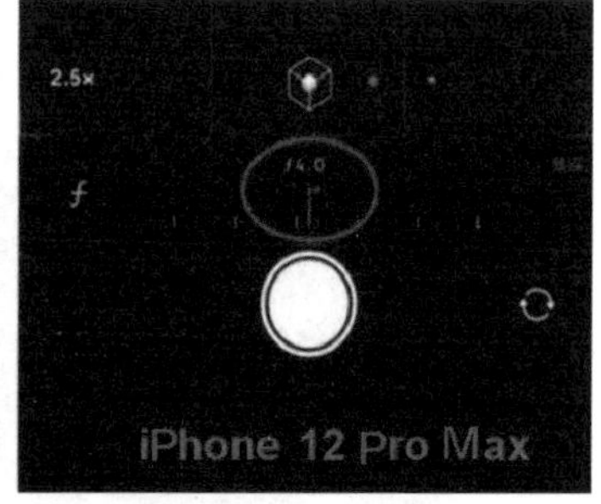

图 2.2　设备差别

做个实验，在同一个场景、相同的取景范围里，你用手机中的 F/1.6 和 F/16 分别拍一张照片。你会发现两张照片的曝光是相同的，其中的差别只是背景虚化的程度不同而已。而且这个虚化的效果没有单反大光圈镜头拍出来的自然，甚至还会有一些不真实。主要是因为这些功能都是手机通过算法模拟出来的。

图 2.3 所示的照片是用 iPhone 12 Pro Max 中 2.5 倍的镜头拍摄的，图 2.4 所示为局部放大的效果。

图 2.3　实际拍摄

图 2.4　放大效果

图 2.5 所示为一张用人像模式拍出来的照片，这个虚化效果看上去相对就比较自然。

图 2.5　人像模式拍摄

该照片中背景的虚化效果的确得到了加强，但经过放大后仔细观察，就会发现其中的小瑕疵，如图 2.6 所示，这主要是算法识别错误造成的。

图 2.6　放大模式

因此，这些功能我们在拍摄的时候就要谨慎地使用。如果你喜欢这个虚化的效果，笔者提出以下三个建议。

第一，主体和背景之间的反差尽量大一些，可以是色彩的反差，也可以是明暗的反差。

第二，主体和背景之间尽量有一个距离，不要靠得太近。

第三，尽量不用夸张的“大光圈”，如果 F/4 带来的虚化效果能满足你的拍摄需求，就不要用 F/2。因为虚化程度越高，瑕疵会越明显。

总之，尽量做到没有或者少一些瑕疵。因为我们虚化背景的目的除了营造氛围以外，更主要的就是减少背景的干扰，从而让主体更加突出。照片中有明显的瑕疵，反而会分散读者的注意力，这就和我们的目的背道而驰了。

2.1.2 快门速度

手机中的快门属于电子快门，是没有幕帘结构的，它是通过给 CMOS 通电和断电来控制曝光时间的。

电子快门的优势主要是节省空间，而且快门速度要比焦平面快门快很多。我们常见的数码单反相机快门速度在 1/1000 秒到 30 秒之间，专业用途的单反相机的快门速度可达到 1/8000 秒，有的相机可能会更高，而手机的电子快门可以实现几万分之一秒。

电子快门的缺点主要是反应速度跟不上。因此，我们看到很多新闻摄影、体育摄影领域的摄影师更多的还是使用单反相机。

另外，电子快门的 CMOS 取景时一直处于打开的状态，因此，相对比较耗电，而且容易发热。

1. 通过曝光补偿控制

我们在拍照的时候，点击屏幕上主体对焦后出现一个小太阳，我们按住屏幕上下滑动就可以调整照片的明暗，这个功能就是曝光补偿。

曝光补偿功能是可以影响两个参数的，一个是快门速度还有一个是 ISO，如图 2.7 所示。图 2.7（1）是自动曝光的效果，图 2.7（2）和图 2.7（3）分别是通过调整曝光补偿得到的曝光不足和曝光过度的效果。

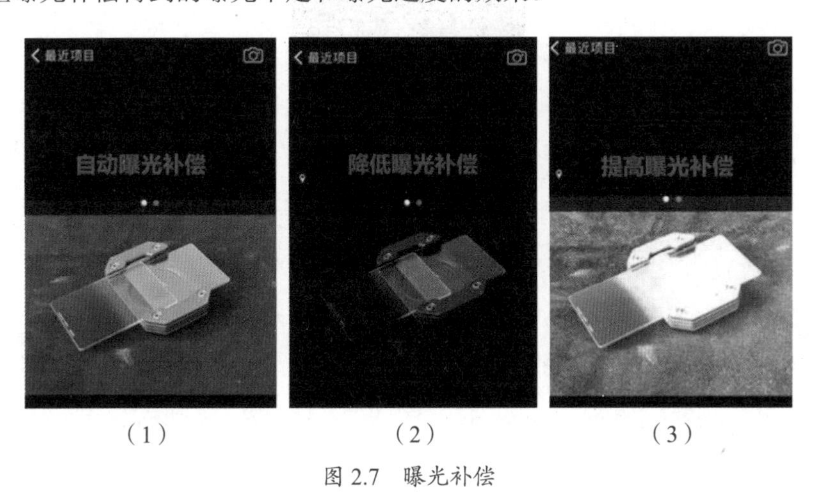

图 2.7 曝光补偿

我们分别看看它们的参数变化。

自动曝光：F/1.6 ISO200 1/60S 5.10mm；

降低曝光补偿；F/1.6 ISO125 1/121S 5.10mm；

提高曝光补偿：F/1.6 ISO1000 1/30S 5.10mm。

第一个数值是光圈，第四个数值是焦距，这两个参数没有变化。只有中间的感光度（ISO）和快门速度有变化。

这很好理解，我们想让画面变得更暗，光圈大小不能调整，那么就只能在降低 ISO 的同时提升快门速度。

如果想提高快门速度，可以适当降低曝光补偿。想放慢快门速度，可以适当增加曝光补偿。

补充：ISO 数值越大，对光线越敏感，照片的亮度也会提升；ISO 数值越小，对光线越不敏感，照片的亮度也会降低。

2. 专业模式调整

前文的方式因为涉及 ISO 的变化，所以对快门速度只产生了部分影响。如果想更精准地调整快门速度，那就只能用专业模式，如图 2.8 所示。

图 2.8　vivo X60 Pro

近年来的安卓手机基本都具备专业模式，苹果手机可以通过第三方软件来实现专业模式的功能，如 procam 软件。图 2.9 所示为 iPhone 使用 procam 软件拍摄的界面。

图 2.9　iPhone 的拍摄界面

通过专业模式，我们可以只调整快门速度来控制照片的曝光，当然，也可以结合其他参数一起调整。

3. 通过算法模拟

手机摄影很大程度上是算法摄影，其中的很多拍摄功能或多或少都会涉及手机内算法的参与。比如，慢门功能和夜景模式都是通过算法实现的。

很多安卓手机都内置慢门功能，华为手机叫作“流光快门”，vivo 手机叫作“时光慢门”，如图 2.10 所示为“时光慢门”的拍摄界面。

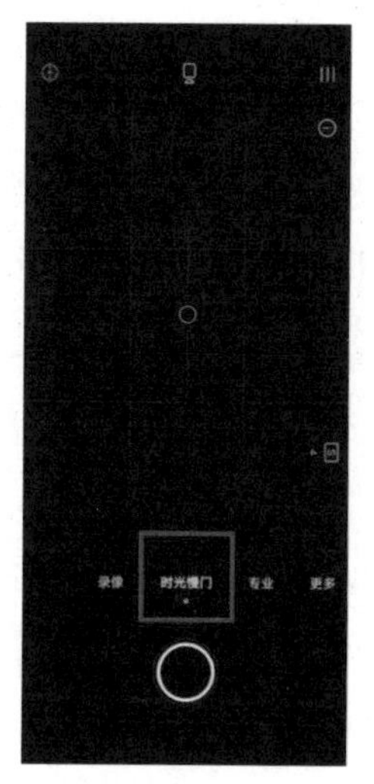

图 2.10　“时光慢门”的拍摄界面

其中，还根据不同的拍摄场景细分出车水马龙、夜景涂鸦、流水瀑布、行人雾化、璀璨烟花、绚丽星轨 6 个功能。

苹果手机可以通过第三方软件，比如，用 ProCam 软件来实现慢门的拍摄，如图 2.11 所示。

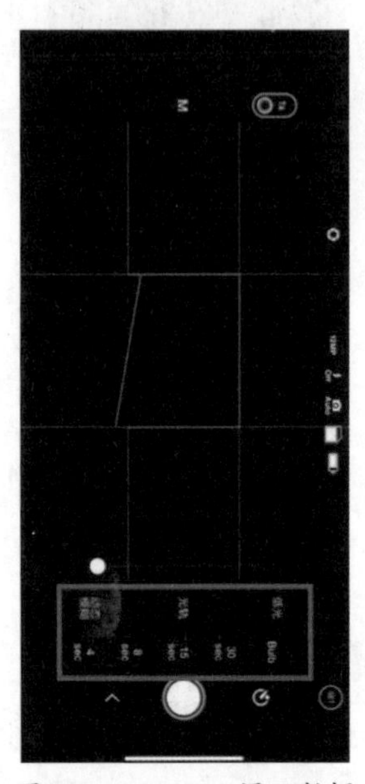

图 2.11　ProCam 慢门拍摄

ProCam 软件中尽管只有动态模糊、光轨和低光三种模式，但对于各种慢门拍摄场景也能应对自如。另外，苹果手机中的实况模式也能实现慢门功能效果。

苹果手机不用三脚架，用自带相机手持功能也能拍摄拉丝的流水效果。

其实不管是慢门功能还是夜景模式，都是不同形式的堆栈效果。就是拍摄大量照片之后，通过手机程序按照不同规则做一个叠加，形成一张具备特殊效果的新照片。运用这个技术不仅可以模拟出长曝光效果，而且能降低画面中的噪点。

选择哪种快门速度主要取决于拍摄题材的特征，以及摄影师想要表现的效果。

1. 快速拍摄

如果想抓拍快速运动物体的某一个瞬间，就需要高速快门。由于手机是电子快门，只要光线充足，就可以实现快速拍摄，如图 2.12 所示。

但电子快门的启动有一个延迟，所以最好是对运动物体的轨迹有一个预判，然后提前构图并开始连拍，这样才能抓住精彩的瞬间。

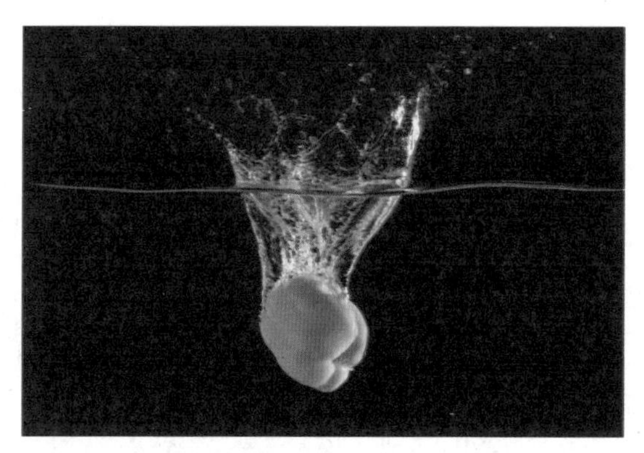

图 2.12 快速拍摄

2. 慢门拍摄

运用慢门可以拍出丝滑的效果，比如，拍摄流水，如图 2.13 所示。

图 2.13 慢门拍摄

此外，也可以拍摄城市夜景中的车灯轨迹，甚至星星的轨迹，如图 2.14 所示。

图 2.14 车灯轨迹

3. 夜景拍摄

如果拍摄场景太暗，可以通过夜景拍摄模式得到一张曝光度更好的照片，而且照片中的噪点也会得到抑制，如图 2.15 所示。

图 2.15　夜景拍摄

当然，慢门拍摄和夜景拍摄时最好用三脚架来支撑手机，即使有些手机具备手持拍摄的功能，还是使用三脚架拍出的照片画质会更好。

2.1.3　感光度

手机的感光度和单反相机中的感光度是完全一样的，都是指对光线的敏感程度，感光度是拍照设备感光元件性能的标杆。

感光度越高，相机对光线的敏感度就越高，表现在照片上的画面就更亮，但也会产生更多的噪点。

手机感光元件尺寸很小，因此可用感光度范围与专业相机相比很有限，所以白天用专业模式拍摄风景时，应该尽量手动设置到最低的感光度进行拍摄，如图 2.16 所示。

图 2.16　专业拍摄

如果对画质要求不高，只是要求亮度正常，那么将感光度设置为“自动”即可。

既然使用了专业模式，手动控制感光度就是为了可以设置满足拍摄需求的最低感光度从而获得最优画质的照片。

设置感光度的基本原则是：使用合适的快门速度拍摄出的照片亮度不够，则提高感光度，否则一直将感光度锁定在最低即可，如图 2.17 所示。

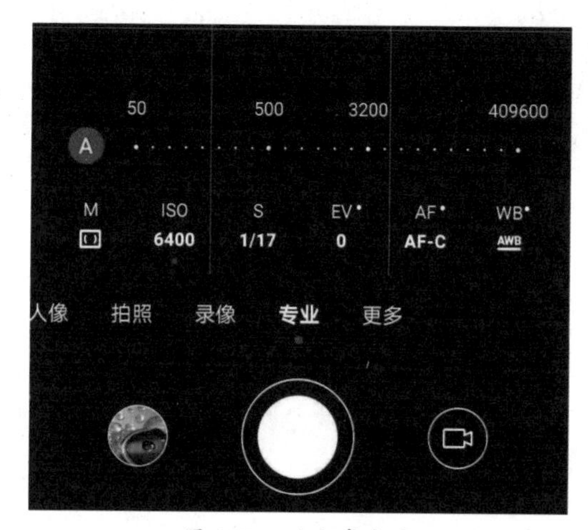

图 2.17　确定感光度

也就是说，在手动确定感光度之前，应该先确定快门速度，然后再通过感光度使画面亮度正常。

因此，在昏暗的环境下拍摄时，为了保证一定的快门速度，或者需要使用高速快门凝固快速运动物体时，往往需要提高感光度进行拍摄。

2.1.4 白平衡

相机的白平衡控制，是为了让实际环境中白色的物体在你拍摄的画面中也呈现“真正”的白色。不同性质的光源会在画面中产生不同的色彩倾向，比如，蜡烛的光线会使画面呈现偏橘黄色，而黄昏过后的光线则会使景物呈现一层蓝色的冷色调。而我们的视觉系统会自动对不同的光线作出补偿，所以无论是在暖色调还是在冷色调的光线环境下，我们看一张白纸都是白色的。但相机则不然，它只会直接记录呈现在它面前的色彩，这就会导致画面色彩偏暖或偏冷。

什么叫冷色调？什么叫暖色调？两者对比如图 2.18 所示，每种光源都有它自己的颜色，或者称“色温”，从红色到蓝色，色温各有不同。蜡烛、落日和白炽灯发出的光线比较接近红色，它们在画面中呈现的光线色调为“暖色调”；而相对地，清澈的蓝色天空则会让画面中呈现蓝色的“冷色调”。

图 2.18 冷色调、暖色调对比

正是这样，只要保证白色的物体在画面中呈现准确的、没有偏色的白，那么画面中所有的其他颜色也会得到准确的还原。相机提供了特定的按钮或者菜单项，让你可以调节白平衡设置，使照片色彩与当前实际的光线条件相匹配。

有一系列白平衡设置可供你选择，刚开始，可能很难决定使用哪一种。幸运的是，在大多数情况下，默认的自动白平衡（AWB）设置能为你带来不错的效果。不过，就如同其他所有自动设置一样，自动白平衡也有自己的局限性。只有在一个相对有限的色温范围内，它才能正常工作，而且在夜晚的室内拍摄时，它常常会使画面呈现偏橘黄色；而在黎明时分拍摄时，它也会使画面呈现偏蓝色。因此，除了自动白平衡，相机还会提供一系列白平衡预设，来应对更多特定的光线环境。

例如，设置自动白平衡会将日出或日落场景中的橘黄色光线统统“吞掉”，因为相机会倾向于获得中性的色彩，从而导致整个画面显得苍白。在拍摄此类场景时，为了最大限度地表现当时的暖色调，可以将白平衡设置为自然光预设之一，比如日光、多云或阴影。

控制白平衡：掌握这些简单的步骤，摆脱对自动白平衡的依赖。

（1）想要摆脱自动白平衡的控制，首先需要放弃全自动拍摄模式，比如改用程序自动或者光圈优先模式。

（2）按下相机顶部或背部的 WB（白平衡）按钮。然后，就可以参照显示屏或控制面板上的信息，更改白平衡设置了。

（3）相机的默认设置为AWB（自动白平衡）。转动拨盘，将导航条移动到其他菜单选项上，并选定其中一种。

（4）在很多相机中，允许你在选定的色温值范围之内进行白平衡包围，一次可以拍摄三张不同白平衡的照片。

相机的色温范围取决于你所使用的白平衡设置。

预设，就是白平衡菜单中那些带有小图标的选项，不同的相机所提供的预设数量也不一样，但是大部分单反相机都会提供以下预设：白炽灯（灯泡图标）、日光（太阳图标）、阴影（小房子图标）、多云（云朵图标）以及闪光灯（闪电图标）。有时候还会有一个或多个荧光灯白平衡预设（发光灯管图标）。

每一种预设，都会对其相应的光线作出白平衡校正。比如，白炽灯白平衡设置会消除预定数量的暖色调光线，让画面的色彩平衡趋向于中性；而阴影白平衡设置则会消除晴天阴影中特有的冷色调。

相机中还有其他一些选项，比如一个黑色的圆加上两个三角形，还有“K”字母标识。“K”代表“开尔文”（Kelvin），即色温的单位。“K”设置可以让你设定具体的色温值，这一数值越低，色彩就越偏暖。蜡烛光线的色温约为1000K，蓝天的色温约为10000K。日光和闪光灯的色温则位于中间段（日光大约5200K，闪光灯约5900K）。另外一个符号代表的是自定义白平衡设置，也就是手动白平衡选项。这一选项允许你基于一张之前拍摄的照片，或者对一张白纸或灰卡拍摄的基准照片，自行创建一个精确的白平衡设置，并将这一白平衡设置应用于接下来拍摄的所有照片中。创建自定义白平衡的方式因相机而异，在相机的说明书中会有相应的详细解释。

当没有准确调节自动白平衡或是相机的白平衡设置错误时，如果拍摄的是RAW图像，则可利用软件来重新调节，选出符合拍摄时光源的选项即可。这样，在将照片转换为JPEG或TIFF格式之前，就可以对RAW格式进行白平衡调节。

在Adobe Camera Raw中使用这一滴管工具，只需在画面中单击，即可对白平衡进行设置。在画面中应该对纯白色、中性灰色或纯黑色的区域单击，即会以此为基准，消除整体画面的色差。

在下拉菜单中提供了一系列与相机菜单类似的预设选项。此外，你也可以通过移动“色温”和“色调”滑块，来对白平衡进行微调。

在所有 RAW 文件处理程序中，都允许你对图像的白平衡设置进行调节。事实上，这是 Adobe Camera Raw 插件最早提供的功能。

使用自动包围曝光可以拍出从暗到亮的一系列照片，而白平衡包围也与此类似。在很多相机中，不仅允许你手动调节白平衡，也可以让你在选定色温值的正、负两个方向范围之内，拍摄一系列色温值不同的照片。你可能想要让画面略微偏暖或者略微偏冷，那么使用白平衡包围，就能让你获得这样的效果。

在拍摄日落时分的风光时，为了让画面更有气氛，需要保留光线的暖色调，如何能让白平衡设置不把这种暖色调消除掉呢？比如在拍摄日落时，金色的光线会增加画面的气氛，而如果将这种色调去除，就会让画面显得苍白、平淡。为了确保画面的白平衡如你所愿，最好使用 RAW 格式拍摄，这能让你对画面的控制更加灵活。如果使用 JPEG 格式拍摄，图像的白平衡设置会在相机系统内完成。

当然，你可以在后期使用 Photoshop 对色彩平衡进行调整，但是这是一种有损操作——它将牺牲一些图像品质。

而如果使用 RAW 格式拍摄的话，你可以在 Adobe Camera Raw 或其他的 RAW 文件处理器中，随时对图像的白平衡设置进行更改。如果你想让某张照片更暖或者更冷一点，只需要将“色温”滑块向左或者向右移动即可。

在很多场景中，光线的色温并不是单一的，而是由不同色温的光线混合而成，比如日光与阴影。在这种情况下，你可以使用自动白平衡，或者选择与主导光线一致的白平衡预设。以 RAW 格式拍摄，在后期处理的过程中，你可以创建不同白平衡设置的多个图像版本，并且将它们进行合成。

2.1.5 对焦

严格来说，手机有四种对焦方式，分别为全自动对焦、半自动对焦、手动对焦和微距对焦。具体怎么选择，要根据拍摄的题材和具体拍摄要求而定。

1. 全自动对焦

全自动对焦就是举起手机直接按快门拍摄，对焦和曝光完全交给机器自动处理，如图 2.19 所示。这种方式比较适合突发事件的抓拍、近距离的盲拍或者追焦效果的拍摄。全自动对焦操作上是最简单、快速的，不容易错过精彩瞬间，但是构图往往不太严谨，对焦的准确性也不高。

图 2.19　全自动对焦

2. 半自动对焦

拍摄前构好图后，用手指在屏幕上点一下主体的位置，人为地确定对焦和测光点，如图 2.20 所示。这种方式适合风光、摆拍人像、美食和普通的静物拍摄。建议结合曝光补偿或者对焦测光分离的功能，从而拍出对焦和曝光都相对准确的作品。

图 2.20　半自动对焦

3. 手动对焦

现在大部分的安卓手机都有专业的拍摄模式，其中就有手动对焦的功能。苹果手机可以下载一个“相机 360”的免费软件，长按屏幕出现对焦和测光锁定，调整黄色方框中的滑块可以进行手动对焦。也可以下载 ProCam5 付费软件进行手动对焦，procam5 在手动对焦时屏幕中间会出现一个放大镜，里面的内容呈现红色就说明对焦准确，如图 2.21 所示。

图 2.21　手动对焦

手动对焦的模式比较适合一些特殊场景的拍摄。比如，主体和背景之间反差比较小的场景（这种场景自动对焦很容易跑焦）。或者对拍摄要求比较高的情况，有时会结合三脚架进行拍摄，这样画面更稳定，对焦也更准确。

4. 微距对焦

手机摄影中对焦最难的应该是微距的对焦。拍摄微距的时候，前面三种对焦方式基本都会用到，主要是看具体拍摄什么题材。

比如，拍摄完全静止的物体时，通常选用半自动对焦，如果拍摄要求比较高，偶尔也会用手动对焦。

如果拍摄缓慢移动或者晃动的物体，比如花朵、蜗牛等，可采用半自动对焦结合对焦锁定的功能进行拍摄。

但如果主体移动比较快，比如蜜蜂、蚂蚁等敏感的昆虫，全自动对焦和半自动对焦都可能会用到，如图 2.22 所示。

图 2.22 微距对焦

不管选择哪种对焦方式，微距题材都需要大量拍摄。比如，拍摄一只正在采蜜的蜜蜂，一阵微风、蜜蜂的移动、手持的晃动等任何一个因素都可能导致对焦不准，所以，还是要大量拍摄才能提高出片的成功率。

2.1.6 曝光与测光

1. 什么时候该用调节曝光

为了强调黑背景前的景象，比如树叶图、剪影等，需要降低曝光度，让背景更黑，如图 2.23 所示。

图 2.23 强调黑背景

光比较大时，亮处就会很亮，此时应降低曝光度，画面质感会更好，如图 2.24 所示的建筑图。

图 2.24　建筑图例

图 2.25 所示的竹子景象，要拍摄的环境、画面比较亮，甚至有局部过曝，光线如果暗一点，可避免局部过曝，暗部也更好看。拍雪时，要提高曝光度。下面介绍如何增加或减少曝光。

2. 怎么操作

方法一：从图 2.25 可知，远处亮部的竹子已经过曝，此时，在手机屏幕上点击一下，出现对焦圆圈（苹果手机是个方框），对焦圆圈右侧有个方框，带加减号（苹果手机是个太阳）。

按住这个加减号向上拽，是增加曝光，向下拽，是减少曝光。如图 2.26 所示为安卓手机示意图，图 2.27 所示为苹果手机示意图。

图 2.25　竹景图例

图 2.26　安卓手机示意图

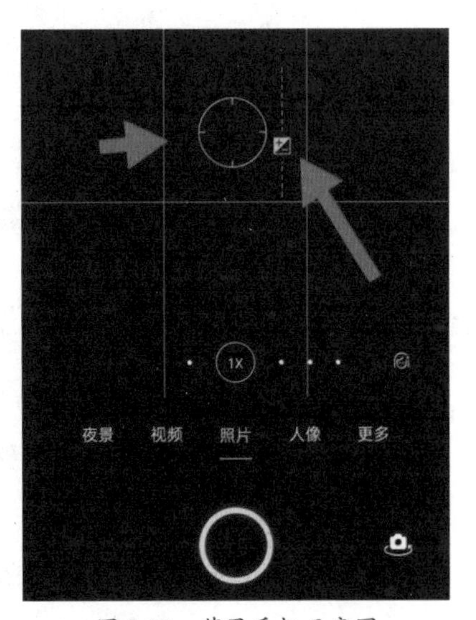

图 2.27　苹果手机示意图

降低曝光度后，远处过曝的竹子，亮度就会变得正合适，照片整体的质感也更强，如图 2.28 所示。

图 2.28　竹景照片对比

方法二：有些安卓手机有专业模式，进入专业模式找到“EV”这个按钮，EV 为正数，是加曝光，EV 为负数，是减曝光。

比如，拍夕阳下的剪影，环境的光太亮了，影子轮廓不清晰，整体就显得灰白，如图 2.29 所示，此时，可以在专业模式中操作，如图 2.30 所示。

图 2.29　夕阳剪影（1）

图 2.30　夕阳剪影（2）

把 EV 调为负数，降低画面曝光度后，画面清晰了很多，如图 2.31 所示。

图 2.31　夕阳剪影（3）

2.1.7　分辨率与帧率

“分辨率”为每一个方向上的像素数量，比如 640 像素 ×480 像素等。而在某些情况下，它也可以同时表示成“每英寸像素”（ppi）以及图形的长度和宽度。比如 72ppi 和 8×6 英寸。ppi 和 dpi（每英寸点数）经常会混用。从技术角度来说，“像素”(p) 只存在于计算机显示领域，而“点”（d）只出现于打印或印刷领域。

我们通常所看到的分辨率都以乘法形式表现，比如 1024 像素 ×768 像素，其中，“1024”表示屏幕上水平方向显示的点数，“768”表示垂直方向的点数。显而易见，分辨率就是指画面的解析度，由多少像素构成数值越大，图像也就越清晰。分辨率不仅与显示尺寸有关，还要受显像管点距、视频带宽等因素的影响。

每秒的帧数 (fps) 或者帧率，是指图形处理器处理场时每秒钟能够更新的次数。高的帧率可以得到更流畅、更逼真的动画。一般来说，30fps 就可以接受，但是如果将性能提升至 60fps，就可以明显提升交互感和逼真感，但是一般来说，超过 75fps 就不容易察觉到有明显的流畅度提升。如果帧率超过屏幕刷新率，就只会浪费图形处理的能力，因为监视器不能以这么快的速度更新，这样超过刷新率的帧率就浪费了。

2.2　拍摄位置

拍摄位置是指摄影师相对拍摄对象所处的位置，不同位置拍出的作品，观众的视觉效果也是不同的。了解不同位置（高度、角度）给照片和观众带来的视觉及心理影响，对手机摄影技术也会有很大的帮助和提高。

2.2.1　高度——仰拍、俯拍、平拍

大多数画面应该在摄像机保持水平方向时拍摄，这样比较符合人们的视觉习惯，画面效果显得比较平和、稳定。如果被拍摄的主角的高度跟摄像者的身高相当，那么摄像者的身体站直，把摄像机放在胸部到头部之间的高度拍摄，是最正确的做法，也是握着摄像机最舒适的位置。如果拍摄高于或低于这个高度的人或物，那么，摄像者就应该根据人或物的高度随时调整摄像机的高度和身体的姿势。

1. 仰拍

不同的角度拍摄的画面传达的信息不同。同一种事物，因为观看的角度不同就会产生不同的心理感受。仰望一个目标，不管这个目标是人还是景物，观看者都会觉得这个目标显得特别高大。如果想使被摄者的形象显得高大一些，就可以降低摄像机的拍摄角度倾斜向上去拍摄。用这种方法去拍摄，可以使主体地位得到强化，被摄者显得更雄伟高大。这种方法切记不要滥用，偶尔运用可以渲染气氛，增强影片的视觉效果；如果运用得过多过滥，效果会适得其反。但有时拍摄者就是利用这种变形夸张手法，从而达到不凡的视觉效果。

2. 俯拍

摄像机所处的位置高于被摄体，镜头偏向下方拍摄。超高角度通常配合超远画面，用来显示某个场景，可以用于拍摄大场面，如街景、球赛等。以全景和中镜头拍摄，容易表现画面的层次感、纵深感。如果从比被拍摄人物的视线略高一点的上方拍摄进行近距离特写，有时会给人藐视的感觉；如果你从上方角度拍摄，并在画面人物的四周留下很多空间，这个人物就会显得孤单。

3. 平拍

视角的反映要符合正常人看事物的习惯。有些时候，可能需要表现出拍摄主体的视角，在这种情况下，不管拍摄的高度是高还是低，都应该从主体眼睛高度去拍摄。例如，一个大人站着观看小孩，就应把摄像机架在头部的高度对准小孩俯摄，这就是大人眼中看到的小孩。同样地，小孩仰视大人就要降低摄像机高度去仰摄。直接向下俯视的画面通常被用来显示某人向下看的视角。用远摄或广角的拍摄方式从高处以高角度进行拍摄，可以拉开片中观看者与下面场景的距离。

2.2.2 角度——正面、侧面、背面

1. 正面方向拍摄

正面方向拍摄是指拍摄者在被摄者的正前方，如图 2.32 所示。

大多数情况下表现出严肃静穆的感觉，一般节目主持人多采用这个角度，容易给人一种面对面交流的亲切感。

图 2.32　正面方向拍摄

2. 侧面方向拍摄

侧面方向拍摄分为两种：一种是正侧面方向拍摄，也就是相机与主体成90度侧面拍摄的画面，如图2.33所示。

图2.33　侧面方向拍摄

另一种是斜侧面方向拍摄，也就是相机和主体正、背、正侧斜方45度拍摄的画面，如图2.34所示。

图2.34　斜侧面方向拍摄

3. 背面方向拍摄

背面方向拍摄，顾名思义，就是从被摄者的背面拍摄，由于看不到面部变换，给观众留下了更多的想象空间，多用于制造悬念、跟踪拍摄等，如图2.35所示。

图 2.35 背面角度

2.3 拍摄景别

所谓景别，即在画面里所包含的空间容量，它是由摄影点到被摄体的距离或镜头的焦距改变而形成的。景别的选择受摄影者对主题的构思、视觉的习惯影响，每个人对画面景别的取舍都有自己的所思所想，但它必定是要有目的性的，要表达什么、强调什么，脉络一定要清楚，一切都是为主题服务。

2.3.1 远景

远景一般用来表现远离摄影机的环境全貌，展示人物及其周围广阔的空间环境，自然景色和群众活动大场面的镜头画面。它从较远的距离观看景物和人物，视野宽广，能包容广大的空间，人物较小，背景占主要地位，画面给人以整体感，细部却不甚清晰。

场景：远景通常用于介绍环境，抒发情感。拍摄外景时常常使用远景方式，可以有效地描绘雄伟的峡谷、豪华的庄园、荒野的丛林，也可以描绘现代化的工业区或阴沉的贫民区，如图2.36所示。

图2.36　远景

2.3.2　全景

摄取人物全身或场景全貌的画面。全景具有较为广阔的空间，可以充分展示人物的整个动作和人物的相互关系。在全景中，人物与环境常常融为一体，能创造出有人有景的生动画面。

场景：主要表现环境全貌或人物全身，活动范围较大，体型、衣着打扮、身份表现得比较清楚，环境、道具看得明白，通常在拍内景时，作为摄像的总角度的景别，如图2.37所示。

图2.37　全景

2.3.3　中景

中景是表现成年人膝盖以上部分或场景局部的画面。较全景而言，中景画面中人物的整体形象和环境空间降至次要位置。中景往往以情节取胜，表现出人物之间的关系及其心理活动，是电视画面中最常见的景别。

场景：在包含对话、动作和情绪交流的场景中，利用中景景别可以最有力地、最兼顾地表现人物与人物之间、人物与周围环境之间的关系，如图 2.38 所示。

图 2.38　中景

2.3.4　近景

近景是表现成年人胸部以上或物体小块局部的画面。近景以表情、质地为表现对象，常用来细致地表现人物的精神面貌和物体的主要特征，可以产生近距离的交流感。如图 2.39 所示。

图 2.39　近景

2.3.5　特写

用近距离拍摄的方法，把人或物的局部加以突出、强调的是电影艺术表现手法。特写镜头相当于用摄像机近距离观察人物的局部细节。比如，只拍演员的眼睛、鼻子和嘴唇，而上额、头发和下巴全都处于画面之外。特写镜头能够更好地表现对象的线条、质感色彩等特征。特写画面把物体的局部放大，并且在画面中呈现单一的物体形态，所以观众不得不把注意力集中，近距离地仔细观察，有利于细致地对景物进行表现，也更易于被观众重视和接受，因此特写镜头往往具有提示和强调的作用。

用大特写景别拍摄人物时，突出人物面部局部，使人物的五官撑满这个画面；在拍摄物体时，突出拍摄对象的局部。大特写的作用和特写镜头是相同的，只不过在艺术效果上更加强烈。这种表现手法在一些惊悚片中比较常用，如图 2.40 所示。

图 2.40　特写

2.4　运镜方式

无论是电影、电视剧还是短视频，运镜拍出来的视频要比固定机位更有张力，那是因为运镜可以展现出更多的场景元素。而在内容呈现中，如果大家一味地使用固定机位拍摄多个镜头，久而久之，观众会感觉画面有些呆板。这也是在现代电影中大量地使用运动镜头与静止镜头相结合的原因，画面有了动静结合，才会显得更有灵动性。

2.4.1　推镜头和拉镜头

推镜头运镜的方式就是向前稳定推进，或者我们用变焦的方式使画面放大。

推镜头的作用就是起到强化画面的某个人或物，强行将观众的视线从杂乱无章的环境中，集中在画面的主要被拍摄物上，如图 2.41 所示。

图 2.41 推镜头

拉镜头运镜的方式与推镜头相反，通过变焦的方式也可以实现。它的作用是以个体展示大环境，通常与升镜配合使用，起到情绪升华的作用，如图 2.42 所示。

图 2.42 拉镜头

2.4.2 摇镜头

摇镜头常用于路人照，它的运镜方式其实就是以某一个点为轴心，上下左右摇。

在风景比较好的地方可以利用类似的运镜方式，它的作用就是展现更多的场景元素，电影当中也会使用这种方式来展示更多的场景，如图 2.43 所示。

图 2.43 摇镜头

2.4.3 移镜头

移镜头是选定一个方向移动镜头，其作用是给画面增加流动感，增强画面的代入感，同时也可以与摇镜头有类似的作用，展示更多的场景元素，如图 2.44 所示。

图 2.44 移镜头

2.4.4 跟镜头

跟镜头是跟随主被摄物拍摄，主要作用就是围绕主人公展开新事件。

比如，大家经常看到的探店视频就会用跟镜头拍摄，主人公说今天我到某某地方吃牛排，然后摄影师就会跟随主人公到店里进行拍摄。

跟镜头没有固定的规则，只要跟随主人公即可，当然，在电影中，它的拍摄手法也可以采用多镜头组合跟随的方式，如图 2.45 所示。

图 2.45 跟镜头

2.4.5 升镜头和降镜头

升镜头的运镜方式，就是镜头缓慢提高。前文提到可以配合拉镜头达到情绪升华的效果，当然不搭配拉镜头，升镜头本身也是修饰情绪的一种镜头语言，如图 2.46 所示。

图 2.46 升镜头

降镜头的运镜方式就是镜头缓慢下降。通常用来展示新事物，由大场景环境带角色入场，如图 2.47 所示。

图 2.47 降镜头

2.4.6 甩镜头

甩镜头的运镜方式，就是将镜头向一边甩去，类似摇镜头，但比摇镜头速度要快。通常用作转场，也可以将观众的视线从一个地方转移到另一个地方，如图 2.48 所示。

图 2.48 甩镜头

2.4.7 旋转镜头

旋转镜头，是指被拍摄对象呈旋转效果的画面，镜头沿镜头光轴或接近镜头光轴的角度旋转拍摄，摄像机快速做超过 360 度的旋转拍摄，这种拍摄手法多表现人物的眩晕感觉，是影视拍摄中常用的一种拍摄手法，如图 2.49 所示。

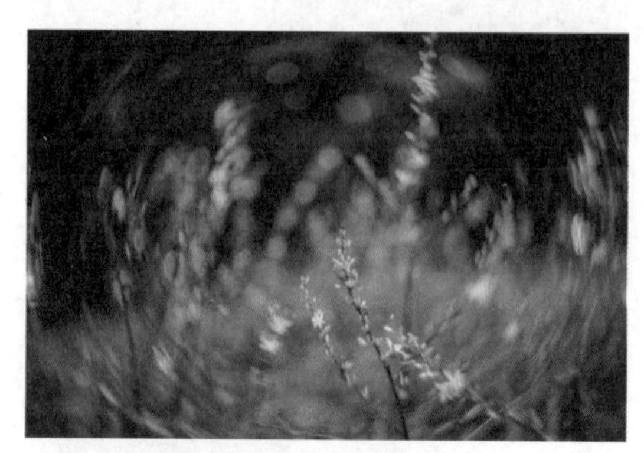

图 2.49　旋转镜头

2.4.8　晃动镜头

晃动镜头主要应用在特定的环境中，让画面产生上下、左右或前后等的摇摆效果，主要用于表现精神恍惚、头晕目眩、乘车船等摇晃效果，如表现地震场景，如图 2.50 所示。

图 2.50　晃动镜头

思考题

1. 拍摄角度包括哪些?
2. 拍摄方向有哪些?
3. 拍摄景别如何应用?
4. 运镜有哪些方式? 各有何不同?

第 3 章　提高手机拍摄技能

很多手机摄影爱好者会提出一个问题，即有没有可以快速提升手机摄影水平的技巧？其实摄影水平的提高和学习一样没有捷径，因为所有的优秀摄影作品都需要有一个积累和沉淀的过程。但是，我们可以通过使用一些技巧来提升手机摄影作品的质量。

3.1 手机拍摄界面与基础操作

每天我们都会用手机拍几张照片，但是，想要用手机拍出好的作品，则需要了解手机拍摄基础操作和一些基本技巧。

3.1.1 拍照

1. 靠得近一些

手机和相机一样，也有拉远焦距的功能，很多朋友不愿意走到近处拍照，而是在远处拉长手机的焦距进行拍摄，手机与相机不同，拉长焦距之后的画质受损非常严重，所以，我们最好还是靠得近一些再进行拍照。

2. 手动对焦

手机拍摄照片时，刚开始会有一种模糊的感觉，这是因为没有合焦，之后它会进行一个自动对焦，但是清晰的地方有时不是我们所需要的，所以我们在点击相机屏幕（适用于触摸屏的手机）时，会发现我们触碰的地方清晰了，这被称为手动对焦。

3. 开启 HDR 功能

很多手机都有 HDR 功能，即增加对比度，特别是拍天空、拍黄昏等，场景的颜色会非常分明、通透，开启了 HDR 功能，你用手机就可以拍出和相机一样的美妙场景。

4. 学会测光

不管是用手机拍照还是用相机拍照，测光都很重要，什么叫测光？比如，在室内拍照，灯光很暗，首先应该把手机对焦到最暗的位置，来获取比较高的曝光度，然后再去拍摄需要拍摄的作品，这样光线就会比较亮了，再比如，拍摄天空，应该先测光到天空，它会给我们一个暗的测光比，这样天空的云就能拍出来了。

5. 使用手机的滤镜

现在的手机自带很多漂亮的滤镜，拍照之后使用这些滤镜可以得到一些特殊的效果，比如怀旧、艳丽的风格等，能让你眼前一亮。

6. 用电脑后期处理

除了在手机上进行处理，还可以将手机照片上传到电脑，然后使用电脑软件进行后期处理，比如，美图秀秀、photoshop 等，都是非常好的后期处理照片的软件。

7. 学会截图

手机拍出来的照片，因视角有限，有时拍到的东西太多，有时拍到的东西太少，所以我们要学会截图，截图在手机上就可以操作完成（裁剪），通过截图，可以获得一幅更加完美的照片。

8. 多拍、多看、多学习

要拍出好看的照片是需要练习的，发现美也是需要练习的，多拍，多构图，多进行测光的练习，后期娴熟了你就会发现，拍好看的照片不再是一件难事。

3.1.2 录像

1. 尽量横着拍摄与灵活选择

手机屏幕的画面比例基本是 16∶9，比起竖着拍摄，横幅画面可以纳入更多的场景。同时也方便使用者上传平台制作视频并进行分发和曝光。

横着拍摄视频，视频就是横向的，在电脑或者电视上观看时更方便，并可以全屏观看。但如果视频只是分享到朋友圈或抖音的平台，反而竖屏更有优势。

2. 手机画面一定要稳定

在拍摄的时候，要用双手握住手机，胳膊夹紧身体，让手机画面更加稳定、流畅。同时，在拍摄视频过程中，在没有稳定器的情况下尽量不要大幅度横向移动或者上下移动手机。手持拍摄时，大范围移动会使画面抖动，影响观看效果。

3. 保持安静

有的人喜欢一边拍，一边录音。手机是内置的话筒录音，距离手机越近，声音越清晰，拍出来的视频会越嘈杂。当然，这一点是相对而言的，如果拍一些其他人的采访或者对话时，需要保持安静。如果拍摄和家人、朋友聚餐或者聊天互动的视频，就应根据情况调整话筒音量。

4. 注意焦点虚实，不要频繁对焦

在拍摄的过程中，如果频繁对焦，画面会一会儿虚，一会儿实，因为对焦是一个从模糊到清晰的过程，频繁对焦会破坏画面的美感和流畅度。因此，在拍摄时要事先规划好，不要频繁对焦。

5. 注意光线

在弱光线的环境下拍摄时，特别是夜晚，在没有补光设备的情况下，视频画面中容易出现噪点，因此在拍摄视频前，应先观察环境中的光线是否充足，如果光线不足，则需要借助周围的灯光、广告牌灯、室内灯光等进行补光的方案拍摄。如果条件允许，可以使用手电筒、手机的闪光灯或者其他一些专业的补光照明设备对场景进行补光，从而让画面质量更好、更清晰。

另外，在白天拍摄时，尽量使用顺光拍，从而避免刺眼的阳光。当然，如果你想表达另一种意境，比如落日下的剪影，也是可以逆光拍的。

6. 尽量不要变焦

手机变焦其实和对焦一样，在视频拍摄的过程中改变焦距，也会使画面的质量降低，影响整体画面的流畅性。

3.2　手机拍摄模式

智能手机拍照功能非常强大，大部分手机都有“专业拍照模式”，因此，我们经常用手机代替相机拍照，只要掌握好拍照技能，手机也是可以拍出大片的。

3.2.1　大光圈模式

现在很多新款手机都配备了双摄功能，如图 3.1 所示，尤其是很多国产旗舰型手机。虽然双摄方案有很多种，但基本都有一个共同的功能，那就是提供能虚化背景的“大光圈”模式。但对于不少用户来说，有时候大光圈模式拍照也很尴尬。其实原因很简单，毕竟它是通过算法来实现的，有些拍摄方式并不适合，要注意回避。

图 3.1 双摄手机

在使用大光圈时，可能会过度虚化，如图 3.2 所示，虽然这张照片在拍摄时很注意技巧，这对于手机处理虚化相当有利。不过，还是有一部分被“虚化”过头了，边缘与背景融为一体。

图 3.2 虚化放大

将图 3.2 所示的人物图像放大，可以看到头发、右边肩膀有一部分都被手机错误识别，导致“假虚化”风格特别明显。其实这与手机无关，解决办法也很简单，不要摆斜 45 度造型，尽量正对着镜头站立，或者不要斜得这么明显，这样就基本不会出现“假虚化”的问题。

图 3.3 所示为用手机随手拍的小蓝车，这是专门为了展示失败效果而拍的，注意旁边那辆折叠自行车的车把，一半是正常的，另一半则陷入背景中被虚化了。

图 3.3　放大光圈

那么，怎样才能拍摄出正常的大光圈模式呢？第一，主体和背景距离越远越好，不一定是颜色反差越大越好。第二，构图能简简单单分出两层，被拍摄的主体最好是“纸片状”的，而且尽量不要展现出景深效果或者透视效果。

第一点很好理解，图 3.4 所示的样张，仔细看也有问题，但至少不会尴尬。一般来说，拍摄主体最好在 2 米以内，离背景环境越远越好，这样手机通过变焦或者双摄对焦能正确识别出主体与背景的边界，即使颜色反差不是很强烈也不会出什么大问题，最多稍微调整一下角度再拍。

图 3.4　样张

第二点很多人可能会不注意，透视效果真的会成为大光圈模式的大敌吗？

找出手机中的两幅图做说明。如果拍摄大光圈效果，第一幅会比第二幅成功率高很多，如图 3.5 所示。

图 3.5 两幅图对比

第二幅图里的花是开放的，开放之后有了纵深方向的距离，也就有了透视效果。这种情况下，手机通过双摄变焦识别主体的时候，总会有一部分因为容易虚化而被识别成背景，最终可能就是真的拍出了“尬图”。但第二幅图近处花瓣、花蕊位置太靠前，手机对花茎识别效果不是很好，如果花再开得大一些，失败率会大大提升。

因此，必须再强调一点：大光圈模式最佳表现环境是构图能被分成简简单单的两层，一层是尽量靠前的主体，另一层是尽量靠后的背景。主体越“平整”越好，尽量不要有纵向的延伸，能正对着镜头就不要斜对着，大光圈模式对此容忍度很低。

因此，拍摄大光圈模式并不难，但这毕竟是一种通过算法实现的拍照效果，与我们正常情况下对拍照的认知还是稍有区别，即便如此，只要掌握前文所说的两个要领就不至于拍出“尬图”来。

3.2.2 夜景模式

在使用手机拍摄夜景时，除了使用“超级夜景模式”之外，还可以用手动调节参数的方式拍摄，也就是常说的专业模式，如图 3.6 所示。具体如何操作呢，接下来，我们详细介绍具体的拍摄流程。

图 3.6 夜景模式

1. 使用外置设备消除抖动。使用三脚架固定手机，并尽量减少拍摄过程中产生的抖动，如蓝牙遥控器、线控耳机、定时拍摄、声控拍照等，如图 3.7 所示。

图 3.7 辅助工具

2. 打开手机相机，进入专业模式。

3. 对相机进行基础设置。

1）分辨率：设定为最大档，同时选择打开 RAW 格式（记录的原文件方便后期调整）。

2）水平仪：可以直观地看到手机是否为水平状态，如果为水平状态，画面呈实白；如果不是水平状态，画面呈虚白，主要用于拍摄横平竖直的画面，如图 3.8 所示。

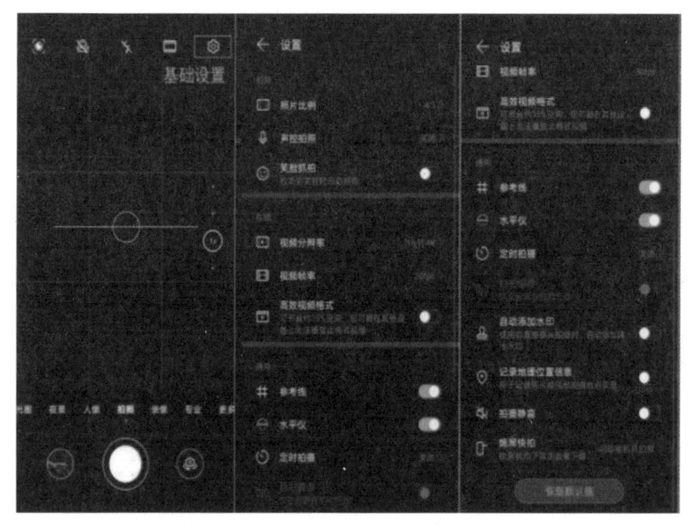

图 3.8　基础设置

3）参考线：辅助构图的参考线，有了这条线可以很快地把主体的位置放正确（交叉点上）。

设置里的其他项，需要结合个人具体拍摄情况做出选择，比如照片比例、声控拍照、自动添加水印等。

4. 点击左上角“闪电”的标识（闪光灯），选择“关闭”状态，如图 3.9 所示。

图 3.9　选择“关闭”状态

5. 手机专业模式参数设定，从左至右分别为：M（测光模式）、ISO（感光度）、S（快门速度）、EV（增减曝光）、AF（对焦模式）、AWB（白平衡调节），如图 3.10 所示。

1）M（测光模式）：“测光模式”项这里有三种选择，矩阵测光是一种面测光，各个部分光线分布均匀，适用于大场景、广范围区域测光；中央重点测光是对整个画面进行测光，但重点比例分配给中央区域，适合人像、动物等抓拍。例如，拍摄人物脸部可以选择这种光效；点测光是对画面光点周围约 2.5% 的区域进行测光，主要用于微小物体的测光，如花、鸟、小昆虫等，虚化背景突出物体层次感。

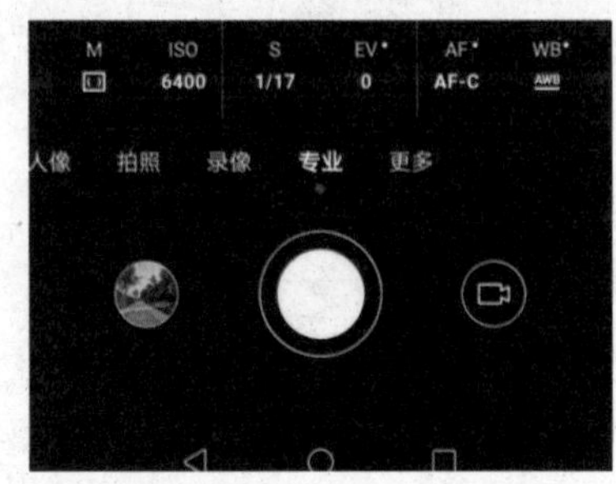

图 3.10 调节

2）ISO（感光度）：点击“ISO”选择 50，ISO 数值越低，画质越细腻；拍摄夜景时 ISO 数值不大于 200 也可以保障相应的画质，ISO 数值过高，相片的噪点也就越高，画质感也会越差。

3）S（快门速度）：点击快门速度 S，左右滑动可调节快门速度的快慢，专业模式下最高快门速度可设定为 1/8000 秒（因相机品牌会有不同），最慢可设定为 30 秒，通常将快门曝光时间设置为几秒钟，具体应根据现场环境进行调节，如图 3.11 所示。

图 3.11 光感

4）EV（增减曝光）：通常不用设置，保持 0 就可以，可以用它来调节照片的明暗。EV 为负数可以降低曝光补偿，让照片更暗；EV 为正数可以调高曝光补偿，让照片更亮。一般过度曝光（画面过亮）会调低 EV，缺少曝光（画面过暗）则可以调高 EV。

5）AF（对焦模式）：对焦模式 AF，一共分为三种：AF-S（单次自动对焦）、AF-C（连续自动对焦）和 MF（手动对焦）。

（1）单次自动对焦：最为常用的一种对焦模式，只会对手指选择的区域进行对焦，并锁定合焦位置。不会因为拍摄过程中距离的变化而自动重新对焦或者对变化目标进行对焦。因此，自动单次对焦适合拍摄静止的物体，如风光、静物等题材。

（2）连续自动对焦：适合拍摄运动物体，比如快速奔跑的动物、移动的物体等。会自动识别手机屏幕上移动的物体并进行追焦，从而在任意画面时间点按下按钮都可以拍到清晰的画面。

（3）手动对焦：在微距摄影、特殊效果拍摄或昏暗的环境下拍摄，手动对焦功能显得特别有效。选择 MF 模式，拖动界面对焦指示条并观察画面，直至所拍静物清晰为止。

6）白平衡调节：默认为自动白平衡 AWB，除此之外，还有阴天模式、荧光灯模式、白炽灯模式、晴天模式，名字对应它们使用的场景，另外，还有一个自定义模式，可以调整色温范围，数值越大，越偏蓝色，数值越小，越偏红色。

夜景拍摄，由于现场光线环境复杂，使用 AWB 总是会造成偏色，可以通过手动调节白平衡为光线重新上色，能让夜景看起来更加美丽。一般晚上把白平衡设置在 2500~3000K 的范围内，画面偏冷，拍出的照片色彩更真实。当然，如果你喜欢后期，前期使用 RAW 格式拍摄，白平衡可以不考虑，如图 3.12 所示。

图 3.12 调节

第一，时间选择。在天将黑又不黑的时候进行拍摄，得到的照片效果最好。这里所说的“天将黑又不黑”是指夜景拍摄时间，即每天华灯初上时分，天空并未全黑并透着深蓝色。这时拍摄还有些许自然光投射到建筑上，加上与灯光的交相呼应，拍摄出的夜景照片层次更佳，并且大多数手机都可以记录下这样的场景，如图 3.13 所示。

图 3.13　调节

第二，善用光线。夜晚拍摄照片，光线是个问题，合理利用好街边的灯光一样可以拍摄出漂亮的夜景照片。

夜晚拍摄可以利用的灯光很多，比如，路灯、街边商店橱窗里的灯光、建筑的造型灯等。在拍摄时，尽量选择顺光照片，避免逆光光比过大造成拍摄主体欠曝，如图 3.14 所示。

图 3.14　调节

合理地利用灯光，为画面增加曝光。夜景拍摄的题材除了大场面的夜晚风光外，街边店铺的橱窗、有趣的小景致、夜晚人文纪实都是很好的拍摄题材，合理地利用光线可以拍摄出比白天更好看的手机摄影作品。

此外，基本的操作技巧还有很多，如息屏快拍、连拍、对焦、曝光锁定、对焦测光分离，本书不再赘述。当然，还有适当的后期，如常见的青橙色调，如图 3.15 所示、黑金风格，如图 3.16 所示等。

图 3.15　青橙色调

图 3.16　黑金风格

3.2.3　人像模式

手机中的人像摄影模式不像专业相机那样是由镜头光圈来决定景深效果的，手机的人像摄影模式是通过对被拍摄人物及所在的环境进行算法推算，然后计算出镜头中被拍摄的人物与背景的边缘，再通过直接添加虚化滤镜的方式，将人物所在背景进行虚化处理，从而达到突出人物并虚化背景的效果，如图 3.17 所示。

图 3.17　人像拍摄

近年来，手机对人像摄影模式进行了更新和优化，并且功能的布局也更加丰富和直观，如图 3.18 所示。我们可以看取景框中的成像效果就会变成近处对焦点清晰，然后越远越模糊的效果，这就是最基本的人像摄影模式具备的功能。

图 3.18　拍摄

技巧 1：拍摄标准人像照

根据各厂家的设计，手机人像摄影模式中添加了很多有创意的功能，如光效、美颜、表情包、HDR，还有 COLOR OS12 中添加的 emoji 功能等，如图 3.19 所示，尽管各厂家的手机人像摄影功能有所差异，但是他们共同的目的都是做出更有创意的人像摄影功能，增加更多有趣的玩法。

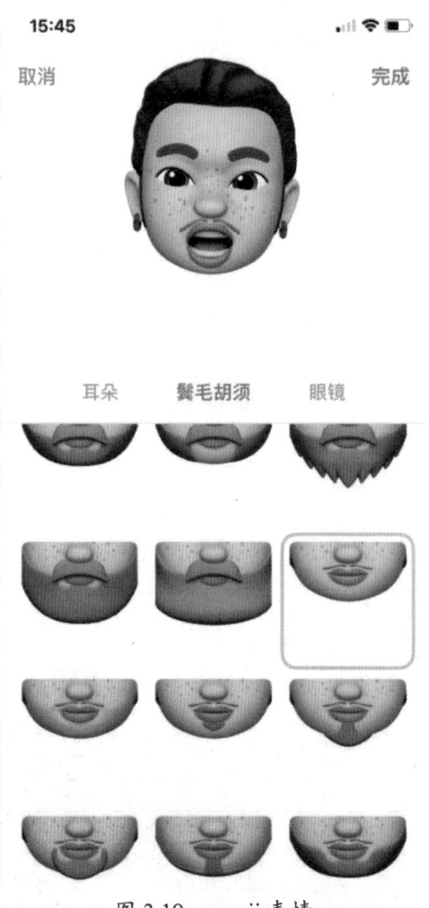

图 3.19 emoji 表情

受手机镜头的特殊性及环境因素的影响，如果我们想要得到更好的拍摄效果，就需要我们在用手机拍摄人像时将拍摄距离调整到两米左右，同时取景以半身人像为最好。人像摄影模式在 2 倍焦距时模拟了标准镜头的焦距与取景比例。因此我们在拍摄标准人像时，可以试试将焦距拉近到 2 倍焦距上，如图 3.20 所示。

图 3.20　人像拍摄

这时有人会担心放大倍数之后，画质会不会降低，其实以现在的手机相机技术来讲，放大 5 倍以内的倍率，清晰度并不会有较大的损失，毕竟很多手机的摄影功能已经实现了 5 倍光学变焦。

但是人像摄影模式也是有不足的，即无法拍摄全身照片。所以，想要拍摄全身照片或是拉长身高比例，就需要使用手机中的超广角镜头。

技巧 2：可以拍更多的主题

前文已经提到，手机的人像摄影模式，并不局限于拍摄人像，也可以拍摄其他一些物体，比如屋子里的小摆件或静物花卉也可以使用，并且可以更加轻松地拍出我们想要的静物摄影中的虚化背景效果，如图 3.21 所示。

图 3.21　虚化背景拍摄

因此，我们在拍摄一些花卉或小物件的照片时，也可以尝试使用这个模式，就像图 3.21 所示的图片效果，可以得到很清晰的主体以及唯美的模糊背景效果。

不过需要注意的是，我们需要离摄影主体更近，甚至找到最小的对焦距离。很多伙伴会发现手机离被拍摄主体太近时，一样无法对焦，是因为超过了最近对焦距离，每一个镜头，无论是相机镜头还是手机镜头都有一个最近焦距，低于这个焦距就无法对焦，就会出现全景模糊的问题，如图 3.22 所示。

图 3.22　对焦拍摄

其实，除了可以用人像模式拍摄花卉以外，我们还可以拍摄很多其他一些主题，比如美食或工艺品，一样可以得到不错的效果。当然，也可以运用到拍摄儿童照片上，如图 3.23 所示。

图 3.23　拍摄儿童照片

使用人像摄影模式时还需要注意以下几个问题。

第一，因为手机的背景虚化功能从某种概念上来讲是通过算法模拟出来的，所以有时候拍摄一些错综复杂的背景，并不能得到较好的效果，达不到专业镜头那种奶油柔滑般的虚化效果，因此就需要严格控制背景的取景问题，唯一的方法是避免杂乱的背景，尽可能找到简洁的背景元素，如图 3.24 所示。

图 3.24　虚化背景

第二，控制好被拍摄主体与背景的距离，在使用专业的相机与镜头时，可以让背景模糊的方法有三个：一是使用大光圈的特性制造浅景深的效果，可以直接得到虚化的效果；二是让背景离被拍摄主体或人物足够远，并大于相机镜头到被拍摄的距离，这时也可以形成较好的虚化；三是利用长焦镜头的特性，得到虚化背景的效果，如图 3.25 所示。

图 3.25　虚化背景

但我们的手机上没有长焦镜头，而且有些手机也无法调整光圈大小，这时我们唯一能做到的就是将被拍摄主体离背景更远一些，这样就能得到较好的虚化效果，如图 3.26 所示。

图 3.26　远距离拍摄

另外，自拍时也是一样的道理，手机可以适当离自己更近一些，这样就能拍出较好的背景虚化效果。如果手机提示了“移远一点”的字样，说明你离得太近了，这时需要增加手机离人物的距离。

第三，几乎所有的手机人像模式都不支持连拍，只要用了人像模式，连拍就会失效，所以在进行人像拍摄时，就需要我们和被拍摄对象提前进行沟通并培养相对的默契，同时在按下快门前给被拍摄人物提示下眨眼，或是坚持两秒钟，因为手机摄影的快门速度没有相机快，一般会出现相对的延迟，所以按下快门后，也不要立刻移动相机，保持同样的拍摄姿势并坚持至少两秒以上，这样就能拍出较为清晰的照片，如图 3.27 所示。

第四，在进行拍摄时，请记得使用手动对焦模式，大部分手机都有 MF/AF 两种对焦模式，常规上手机会默认为 AF 自动对焦，只有在手指对屏幕取景框中的元素进行点击后，才切换 MF 手动对焦，或是直接点击切换开关处也是可以的，如图 3.28 所示。

另外，拍摄人像时也要注意，用手点击一下屏幕中的人物主体，这样相机即可判断出你想拍的主题，手机就会进行自动识别并切换对焦位置，从而达到更加清晰的拍摄效果。

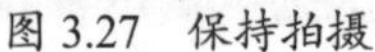

图 3.27　保持拍摄

图 3.28　对焦模式

同时，利用手机人像模式这个背景模糊的特性还能拍出美丽的夜景光斑人像照，如图 3.29 所示。

图 3.29　背景模糊

第五，尝试加入前景，可以充分利用手机相机镜头最近对焦距离的特性，当一些元素离镜头特别近时，人像就会变得模糊不清，那么我们在拍摄人像时可以适当地加入前景，并将这些前景离手机更近，从而形成前后景都是虚化而人物是清晰的照片效果。同时巧妙地运用前景，也可以让你的照片变得更加有质感和看点，如图 3.30 所示。

图 3.30　对焦距离

手机中的每一个拍摄模式都可以有无限个创作思路，并不一定一个模式对准一个主题，所以我们在进行创作拍摄时，针对一种主题可以试试手机上多种拍摄模式，或许在这小小的空间里就能发现一个新视角。

3.2.4　微距模式

1. 对焦距离范围

所谓微距摄影，就是在一个很近的距离内进行拍摄，将一个物体以一定的放大倍数呈现在手机屏幕里，注意，这里放大的跟平常拍照的放大功能是不一样的，微距摄影类似于显微镜的原理。

但是在微距拍照模式下会有一个焦距的限制，超出这个焦距段范围将无法完成微距拍摄，这是受微距镜头的特殊性的限制，每个手机镜头都有独特的作用，也像相机的镜头一样，分为长焦镜头、微距镜头、人像镜头和广角镜头。手机的微距焦距一般都在 2~10 厘米，也就是说，当你想要拍摄微距照片的时候，手机的镜头和拍摄物体之间的距离应在 2~10 厘米的范围内，超出这个范围，手机微距镜头就会对不上焦距，拍出来的照片会成像模糊，为了得到最清晰的微距照片，需要在这个焦距范围内严格进行微距拍摄，如图 3.31 所示。

图 3.31　微距拍照模式

2. 构图

构图可以将拍摄的对象，如小花朵、小叶子等，置于手机显示画面的中间、左边和右边三种位置方式。

小技巧：打开手机相机自带的参考线辅助功能“九宫格分割线”，拍照时将小花、小草对准分割线的四个十字交叉点上，可以轻松拍出构图完美的微距照片。

3. 对焦点的位置

构好图之后需要进行对焦，只有对焦正确拍出的照片才能夺人眼球。

以花朵为例，对焦的时候点击构图好的画面中小花花芯的位置，让焦距对焦到花朵的花芯处，这样可以更加直观地体现出微距照片下的花朵美感，如果对焦到花瓣上，那花芯位置将会变得模糊，成像之后看到的照片就是有点突兀的感觉，如图 3.32 所示。

图 3.32　对准焦点

4. 规避不必要的因素

凡是拍照，都需要规避一些不必要因素。如减少背景杂乱感、避开前景物体遮挡、避免照片主体太过饱满、避免照片留白过多等。规避这些不必要的因素，可以使得照片更加有美感，更能体现要表达的主题。

前景有遮挡时尽量拨开或者移动手机至遮挡物前再进行拍摄。背景太过杂乱的时候，可以只用一张纯色的卡片放到被拍摄物体的后面，用来挡住影响拍摄的物体，也能起到背景整洁的作用。

利用“九宫格分割线”可以帮助你更好地规划拍摄的画面，按照分割线来排布，能快速获得较为合理的摄影画面分布，如图 3.33 所示。

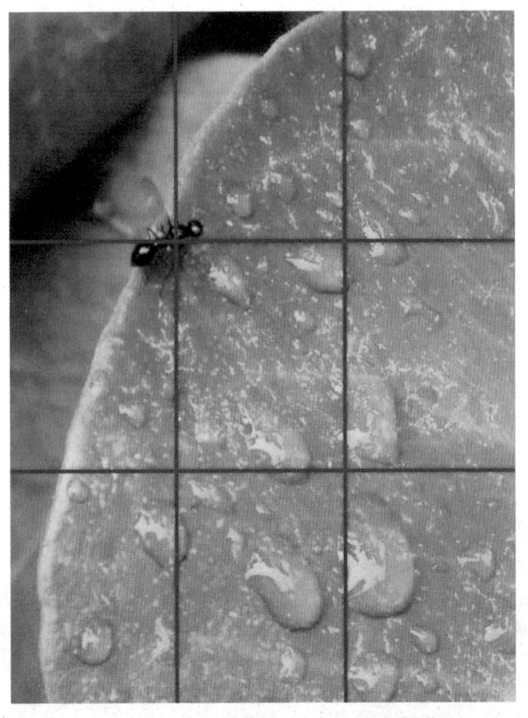

图 3.33 “九宫格分割线”规划拍摄

3.2.5 专业模式

手机里的专业模式相当于相机上的手动挡（M 挡），让手机能够像相机一样调节测光模式、感光度、快门速度等参数，以满足更多的拍摄需求，如图 3.34 所示。

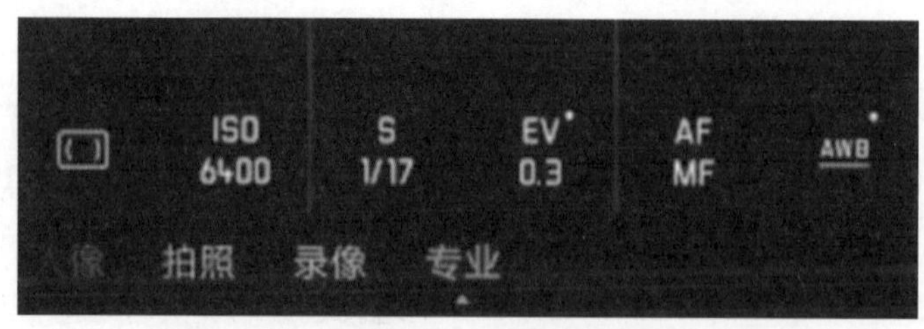

图 3.34　专业模式

打开专业模式，我们能够看到 6 个调节选项，6 个调节选项主要是对图片的曝光、对焦和色彩这三大方面进行调节，如图 3.35 所示。

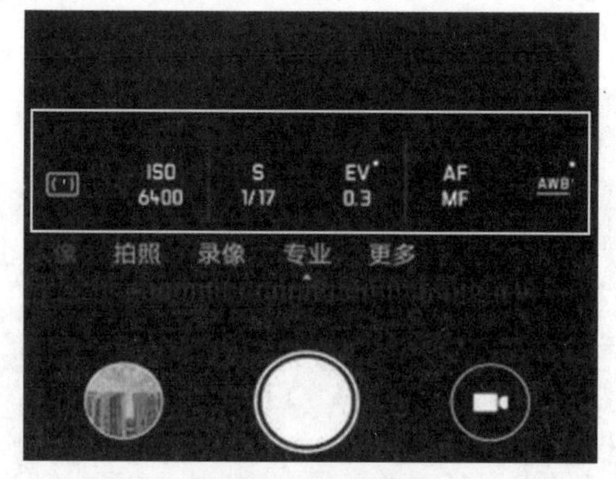

图 3.35　调节选项

首先，调整图片曝光的选项有 EV（曝光补偿）、ISO（感光度）、S（快门速度），如图 3.36 所示。

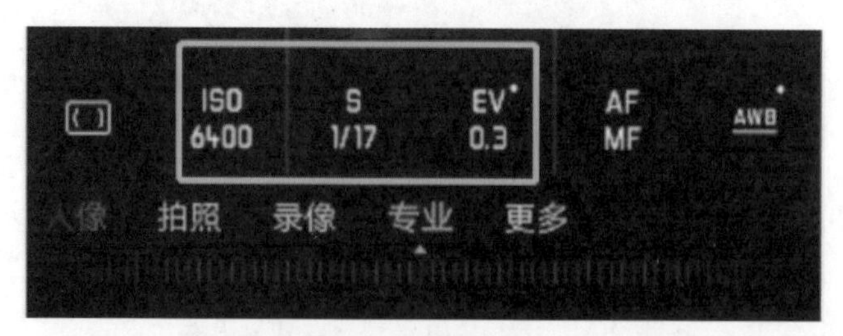

图 3.36　曝光选项

EV，主要是为照片补光。照片过暗，要增加 EV 值；照片过亮，要减少 EV 值，如图 3.37 所示。

ISO，指手机传感器对于光的灵敏程度。ISO 越低，画质越好，但是画面越暗；ISO 越高，画质越差，噪点多，画面越亮，如图 3.38 所示。

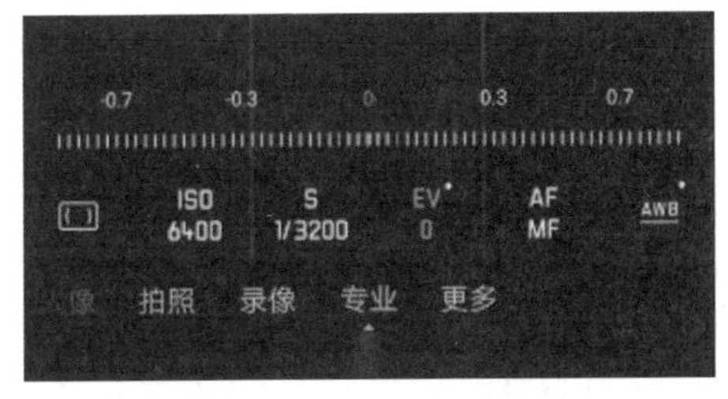

图 3.37 EV（曝光补偿）

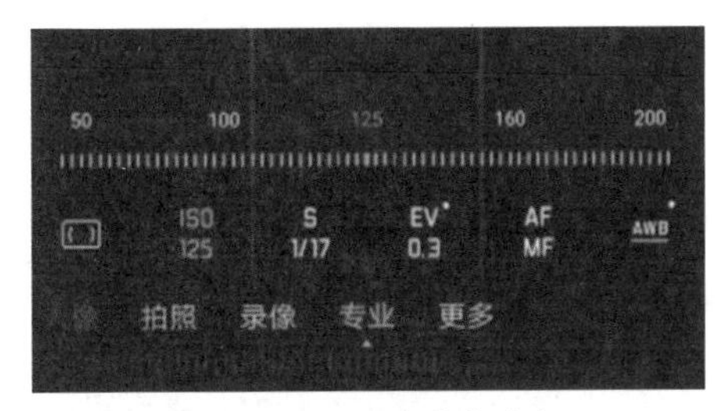

图 3.38 ISO（感光度）

S 就是曝光时间，快门速度越快，进光量就越少，画面就越暗；快门速度越慢，进光时间越长，画面就越亮，如图 3.39 所示。

其次是对焦，一张图片拍得是否清晰，对焦是至关重要的操作步骤。手机上的对焦模式有以下三种。AF-S（单次自动对焦），点哪里对焦哪里，常用于拍摄静止的物体。AF-C（连续自动对焦），点击手机屏幕一次，然后连续自动对焦，适合拍运动的人或物。MF（手动对焦），选择某区域对焦，然后拍完或者移动手机时，对焦点仍不变，如图 3.40 所示。

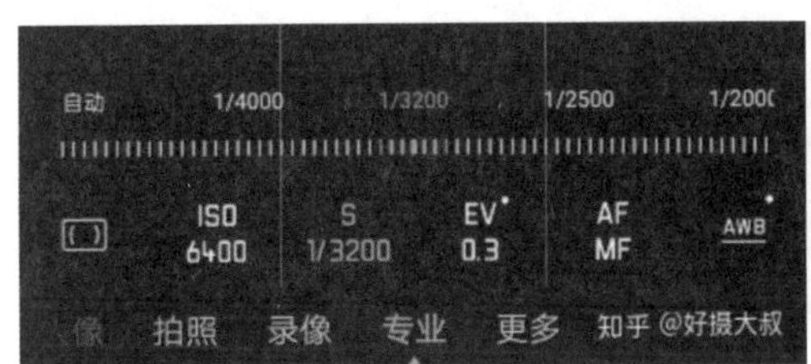

图 3.39 S（快门速度）

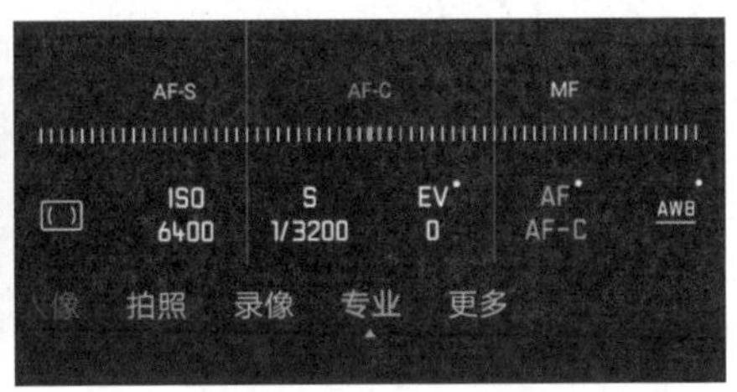

图 3.40 对焦模式

最后，调整色彩的参数只有白平衡，能平衡其他颜色在有色光线下的冷、暖色调，还原照片本色，如图 3.41 所示。

此外，还有测光模式，分为矩阵测光、中央重点测光、点测光三种，如图 3.42 所示。

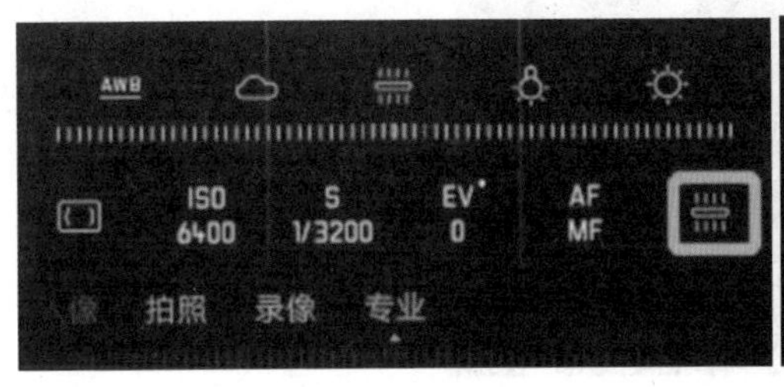

图 3.41 WB

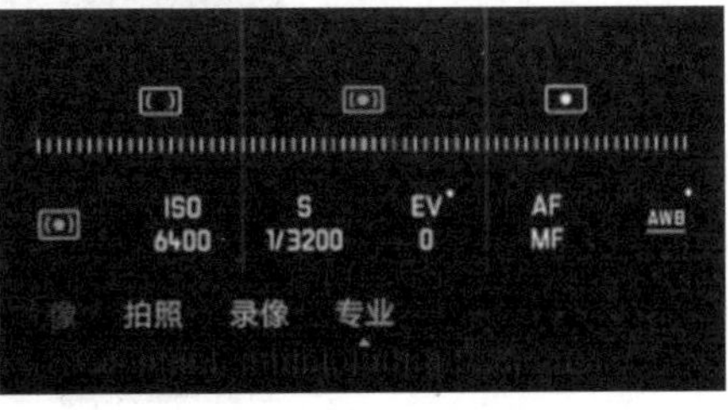

图 3.42 测光模式

3.2.6 延时与慢动作

1. 慢动作拍摄技巧

慢动作，是指画面的播放速度比常规播放速度更慢的视频画面，之所以画面的播放速度慢，是因为慢动作视频的每秒帧数比常规速度视频要高很多，也即在每秒钟内播放的画面要更多，呈现的细节更加丰富，画面就要比正常速度的视频更慢些，如图 3.43 所示。

图 3.43　慢拍摄

在大部分手机自带相机的拍摄模式中，都有“慢动作”模式，有些手机也叫作“慢镜头”，直接切换到慢动作模式，即可拍出具有慢动作效果的画面。慢动作视频画面的播放速度较慢，视频帧数通常为 120fps 以上，记录的画面动作更为流畅，也叫作升格，如图 3.44 所示。

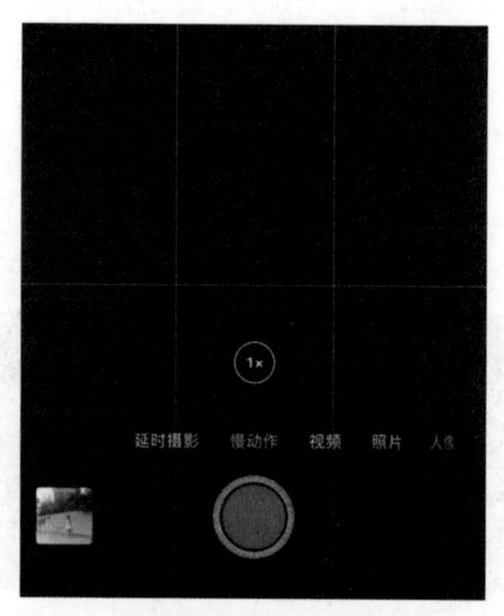

图 3.44　慢动作

慢动作主要拍摄的题材有：人物动作类场景、动物跑动、自然界中的风吹草动、流水等，如图 3.45 所示。

图 3.45 人物动作

拍摄慢动作视频对光线的要求较高，尤其是拍摄 8 倍或 32 倍慢动作时，光线一定要非常强才能拍摄到曝光到位、流畅的画面。因为慢动作视频每秒钟需要播放更高的帧数，也即在每秒钟需要捕捉到更多的画面，如果光线不够强，拍到的视频画质就会比较差，慢动作的倍数设置得越高，就越需要更强的光线才能保障画面的清晰度。拍摄慢动作时也需要保证手机稳定，稳定的手持或借助脚架、稳定器拍摄都可以，在拍摄过程中如果手机比较晃动，画面就会不稳定。

另外，慢动作适合拍摄运动速度比较快的景物，如果拍摄运动速度很慢或者静态的景物，拍出来的画面会特别慢或者是静态的画面，缺少动感。

2. 延时摄影拍摄技巧

延时摄影，拍摄出来的画面变化感是比较快的，延时摄影能够给人非常强烈的视觉冲击感，非常适合拍摄一些时光流逝、景物变化、风起云涌的场景，如图 3.46 所示。

图 3.46　场景拍摄

延时摄影需要使用三脚架拍摄，保持手机的稳定，一般来说，相机自带的延时摄影比较“傻瓜”，不能调节拍摄的参数。要想拍出变化感比较快的延时摄影，需要调节间隔时间这项参数。苹果手机建议使用 Procam 软件，延时摄影模式支持参数调整。少部分安卓手机中的自带相机延时摄影模式可以调节速率，也能调节间隔时间，如果不能调整，需要下载延时摄影。

延时摄影适合拍摄的题材主要有：人群走动、云彩移动、日出日落、花开花落等场景，适合表现时间的流逝，延时摄影素材在视频中也能给人比较震撼的画面感，今后可以多加运用。

3.2.7　流光快门

使用流光快门，首先应找一个稳定住手机的支架（如图 3.47 所示），避免手机摇晃，使手机保持平稳的拍摄模式，这样拍出来的照片质量更佳。其次，找到手机的“更多”选项，打开里面的“流光快门”模式，根据你拍摄的场景选择不同的特效拍摄模式。最后，按下拍摄的按钮就能够观察到拍摄的效果，待曝光合适时，再按一次按钮即可结束拍摄。

图 3.47　手机支架

只有在合适的场景选择适当的拍摄模式才能将该功能发挥到最大，保障最佳的拍摄效果。另外，该模式一般需要的拍摄时间更多，需要我们耐心等待，而且一定要保持手机稳定避免抖动，所以，固定的脚架像三脚架一样配合使用。下面，就跟大家分享以下几种拍摄模式的使用场景和具体方法。

1. 丝绢流水

场景：在户外拍摄那些瀑布、小溪、河流等流水运动的轨迹，就可以使用该模式，能够拍摄如丝般流水的唯美画面。大家在很多的摄影展览上看到很多优秀图片，那些绚丽的瀑布喷泉给人一种雾化的神秘之感，但我们自己却拍摄不出那种效果，究其原因，这种效果是通过专业相机的慢速快门功能来实现的，如图 3.48 所示。

图 3.48　瀑布拍摄

方法：选好适合的场景位置，摆好固定用的支架，打开其中的“丝绢流水”选项，对好焦再点击拍摄，当时间到达 30~50S 的时候点击拍摄即可，但曝光时间要适当，虽然流水拍摄效果越久越白，但是曝光过久容易导致过曝效果，如图 3.49 所示。

图 3.49　流水拍摄

2. 绚丽星轨

场景：夜晚是拍摄美丽星空的最佳时间，但也是很多人拍摄的短板。这时候可以利用手机中的“绚丽星轨”将美好的夜空拍摄下来，将银河、星星的运动轨迹记录在你的手机中，如图 3.50 所示。

图 3.50　绚丽星轨

方法：找到一处地点，可以是灯光点缀的建筑也可以是城乡灯火通明的小屋，只要适合情景就行。将要拍摄的角度和距离弄远一些，这样视野变宽后成像效果更好。手机固定好后选择“绚丽星轨”模式，对好焦后点击拍摄。拍摄夜景时，最好选择天快暗下来的时候，效果最佳，如图 3.51 所示。

图 3.51　拍摄夜景

3. 光绘涂鸦

场景：在夜晚没有光的场景下，或者比较暗的房间拍摄光源移动的轨迹，如图 3.52 所示。

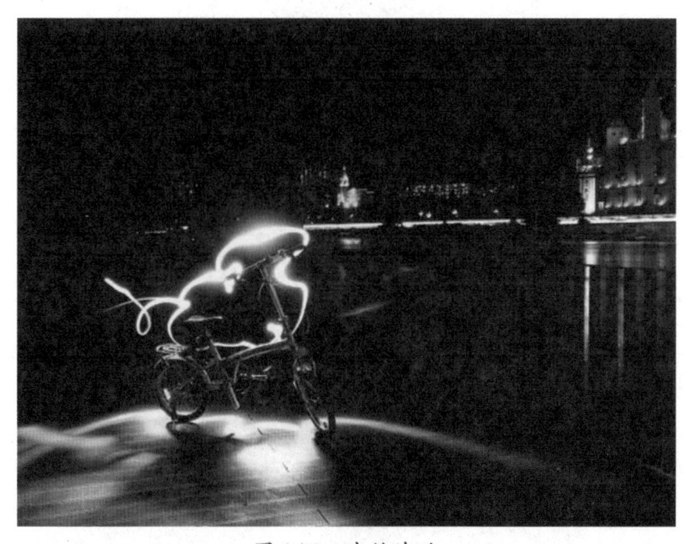

图 3.52　光绘涂鸦

方法：选择好一些的角度位置，最好背景要暗淡一些，这样光绘效果更好。固定好打开“光绘涂鸦”选项对焦完毕后点击拍摄，然后打开手中的光点、光源开始你的创作（可以使用不同颜色进行，更具视觉震撼），完成后关闭光源，再点击停止拍摄按钮即可，如图 3.53 所示。

图 3.53　拍摄方法

4. 车水马龙

场景：拍摄夜晚车灯流光溢彩的移动轨迹，如图 3.54 所示。

图 3.54　车水马龙

方法：

一是选择好你要拍摄的对象。要有街道，且以街道车辆为主，车流量不宜过大。

二是根据你的拍摄对象，选择合适的拍摄地点。如选择在天桥或沿街道建筑的阳台上等，能够俯视路面，尽量把路拍全即可。

3.3　利用景深，变换虚实

许多人接触摄影，开始都会被一张背景虚化的照片吸引，这里的背景虚化其实就是“景深的深浅”。无论是一张背景虚化的静物，还是一张全域清晰的风光图，都利用到了“景深”这一概念。

3.3.1 大光圈

大光圈的意义主要在于夜景照片的宽容度更高，还有就是浅景深营造的背景虚化氛围，如图 3.55 所示。

图 3.55 手机拍摄大光圈

单独说一下手机拍照中的大光圈，受到空间限制，手机镜头的光圈基本都是恒定的，虽然有的手机中的相机 App 里可以调节光圈值，但是营造的照片氛围主要是手机内部软件算法优化的效果，这与单反相机的镜头还是有区别的，当然，单反镜头也有恒定的。

最后，简单介绍一下手机拍照和单反相机拍照的区别，手机受空间限制，更强调看得清，更注重机器算法优化。而单反相机，更强调物理成像的真实效果，照片中记录了更多细节，为后期处理提供更多可能，如图 3.56 所示。

图 3.56 对比

手机的大光圈事实上更多的是算法优化，并不是真正的物理成像结果。但大光圈的作用不容小觑，主要包括以下几点。

（1）浅景深效果。要拍出浅景深的虚化效果，我们需要使用大光圈，与主体对象距离合适。

（2）暗光拍照。大光圈可以在单位时间内进入更多的光线，在暗光环境中可以拍出更明亮的照片。

（3）人像摄影。定焦大光圈是拍出优秀人像的必备条件，和浅景深相同，大光圈可以使人物主体更突出。

（4）大光圈会让手机更适合拍夜景。

3.3.2 长焦

现在的手机摄像头都是多个不同焦距的方案组合到一起，通常是一个主摄、一个超广角、一个或两个长焦，而由此衍生很多变化。一般来说，如果主摄是27mm，应该再选择一个85mm的3倍长焦，如果是高端影像旗舰还会再配一个135mm或者270mm的潜望长焦，而现在衍生的新方案则是配备50mm，也就是2倍长焦称为人像摄像头，如图3.57所示。

图3.57 手机长焦

通过这种对比不难发现，手机摄像头中的主摄和超广角基本只是升级像素数，其他变化不大。而长焦摄像头是不断变化的，这是因为不同手机品牌对于拍摄的理解、不同的优化策略基本都体现在长焦摄像头上。可以说，每个手机品牌在长焦摄像头上都下了极大的功夫，而且多年来一直不停地尝试各种组合。

超广角和长焦对手机摄像头进行的两种不同方向的扩展。超广角负责扩展视野，让我们眼界更开阔，长焦则负责拉近我们与事物之间的距离，让我们能够见微知著。这两年流行的拍鸟热潮，让长焦在摄影爱好者手中也成为绝对主力，长焦摄像头在手机上的作用也大致如此，如图 3.58 所示。

图 3.58　两种拍摄对比

为什么各个手机品牌一直努力在长焦端探索呢？因为在超广角方面，除了在尽量不失真的情况下让视野更开阔一点之外，似乎已经找不到明确的进化方向。最近，有的手机开始配备鱼眼摄像头，也许能算作超广角端的另一种探索。若非如此，超广角所呈现给我们的只有视野更开阔，但又不能真的像人眼视野那样开阔。但长焦就不一样，它更能体现摄像头模组的价值，如图 3.59 所示。

对于喜欢摄影的人来说，超广角记录的内容过于丰富，以至于很难去仔细辨识其中究竟包含了什么。长焦则会让特定的事物呈现得更具体，说白了就是让照片有焦点、有主题。超广角想要呈现主题的方法只有一个，那就是裁切，不同的裁切其实就是等效不同的长焦效果，还会造成画质下降。

图 3.59　长焦拍摄（1）

因此，当我们明确要拍摄的主体时，使用长焦显然比使用超广角更可靠。这样才衍生出拍人的 2 倍长焦、放大主体的 3 倍长焦、拍摄更远距离的 10 倍长焦，以至于看起来似乎没什么用的 100 倍 + 长焦等。从某种意义上来说，长焦是人眼视觉的增强，让我们看到一些肉眼无法清晰看到的景物，超广角摄像头有这个属性吗？似乎有，又似乎没有，如图 3.60 所示。

图 3.60　超广角拍摄

为什么有时候长焦照片更吸引人？因为如果没有长焦，我们就要在人力难以达到的位置按下快门，同时长焦拍摄还要规划好哪些景物该出现在照片里、哪些景物不该出现在照片里，把创作元素融入照片中，这才是让手机真正接近相机的时刻，而不仅仅是堆叠像素去“秒杀单反”。所以长焦的手机，更容易让用户感受拍摄的乐趣，如图 3.61 所示。

图 3.61 长焦拍摄（2）

另外，长焦还有一些比较特殊的玩法。为什么有的人拍摄的月亮非常大？因为拍摄时可以用长焦把月亮放大一点，不过这个功能对手机来说还是一个相当大的考验。此外，还可以利用长焦摄像头的光学特性来压缩空间，比如，评价君在故宫昭华门拍摄的照片就使用了这个功能，把原本距离很远的很多道门压缩在一个看起来不太深的空间里，如图 3.62 所示。

图 3.62 长焦拍摄（3）

实际上这也是手机长焦拍摄的另一个好处。这个门口的街道宽度根本不容许传统相机架设起长焦镜头，而且还能兼顾视野，相比之下，手机就能轻松做到。

另外，长焦带来的物理景深效果，可不是“计算摄影”能轻松模拟的，所以即便是日常拍摄，2 倍和 3 倍长焦摄像头虽然可能规格弱一些，但拍出来的视觉效果往往比主摄效果更好，如图 3.63 所示。

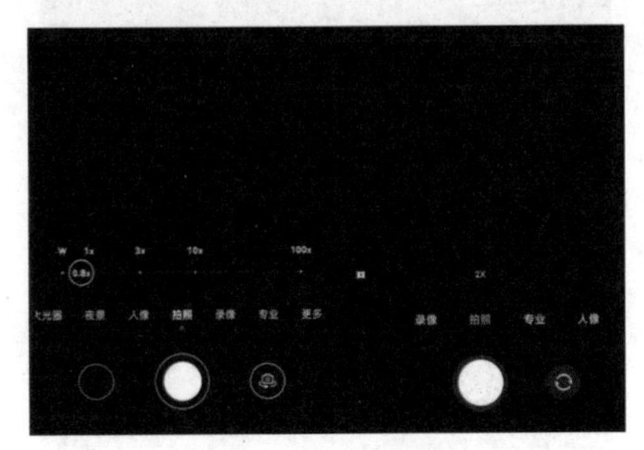

图 3.63　不同拍摄

3.3.3　改变距离

1. 焦距调整

打开手机拍照，屏幕会有广角、1 倍、2 倍、3 倍、5 倍这样的数字，这些数字代表的就是焦距，如图 3.64 所示。

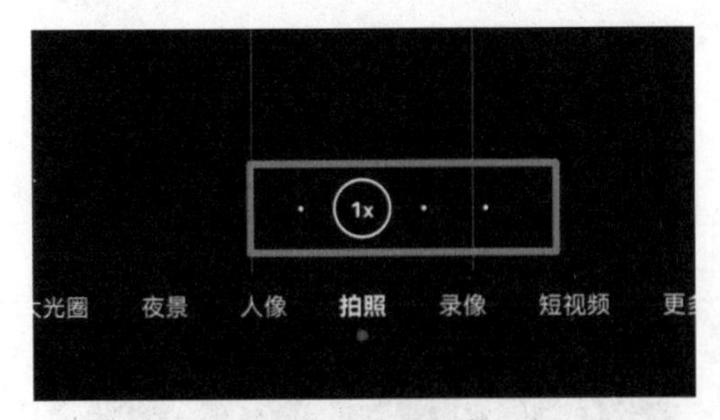

图 3.64　焦距调整

不同焦段拍摄出来的画面效果也是不一样的，例如，广角拍摄的画面范围就更广一点，而 1 倍就是相机默认的拍照焦距，比较常用，如图 3.65 所示。

图 3.65　广角拍摄

总之，焦距倍数越大，拍摄的视野范围就越小。

2. 对焦点

确保一张照片是否清晰，对焦点尤为重要。

拍照前，点击屏幕就会出现一个边框加小太阳的标识，想要哪里清晰，就将对焦框放在哪里就可以了，如图 3.66 所示。

图 3.66　对焦点

3. 曝光调整

前文我们提到，点击屏幕会出现一个小太阳的标识，上下滑动小太阳标识，就可以改变画面的明暗度。往上是提高曝光度，画面变亮；往下是降低曝光度，画面变暗，如图 3.67 所示。

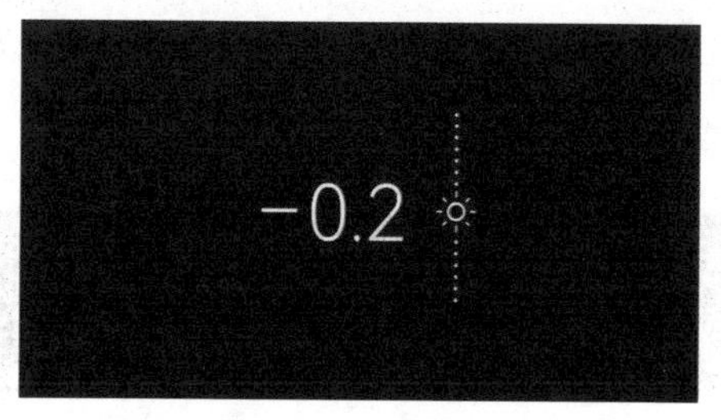

图 3.67　曝光调整

4. 大光圈

想要拍出虚化的画面效果，只需要调整到大光圈模式就可以了。以华为手机为例，既可以调整焦距，也可以调整光圈的数值，如图 3.68 所示。

图 3.68　大光圈

F 后面的数字越大，虚化效果越差；F 后面的数字越小，虚化效果越好。

5. 夜景

夜景模式下，可以手动调节 ISO（感光度）、F（焦距）、S（快门速度）这三个参数值，如图 3.69 所示。

图 3.69　夜景

一般来说，ISO 设置为 100 画质最好，快门速度则设置为自动就可以了。

6. 专业模式

手机的专业拍照模式，可以调节的参数比较多，包括测光模式、感光度、快门速度、白平衡等，但是实际的拍摄过程中，只有快门速度和感光度手动调节的比较多，其他基本上都不需要调节，如图 3.70 所示。

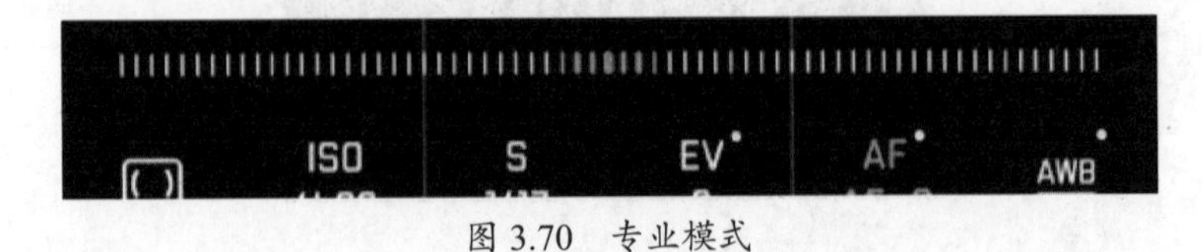

图 3.70　专业模式

3.3.4 后期设置

后期设置是摄影很重要的一个环节，能让你的照片焕然一新，甚至是改头换面，暴雨来临前的拍摄，如图 3.71 所示。

图 3.71　暴雨来临前的拍摄

处理之后的效果，如图 3.72 所示。

图 3.72　处理后的效果

不要说“后期了画面就不真实了”，其实，有时候后期手段恰恰能更好地反映人眼看到的真实——要知道，人眼的“宽容度”比相机高很多。

实际上，处理之后的图更加接近当时的视觉效果，因为用肉眼看到的，真的是“黑云压城城欲摧”的景象。而手机拍出来的照片却有点模糊，光差也较大。基本处理思路是，去雾——渐变滤镜。

第一步，从相册里导入图片。图 3.73 所示为泼辣修图的工作界面。

图 3.73　修图后效果

第二步，如图 3.74 所示，使用去雾功能，天空的细节一下子就清晰了。

图 3.74　去雾后效果

第三步，新建一个径向渐变滤镜，如图 3.75 所示。

图 3.75　新建滤镜

注意以下三个数值。

曝光：提高曝光度，获得画面更多细节。

高光：降低高光度，凸显天空的细节。

羽化：羽化值越大，效果就越自然。

经过以上步骤，调整基本上就完成了，如图 3.76 所示。

图 3.76 调整数值后效果

3.4 多种构图方式

摄影构图是要研究以表象形式结构在摄影画面上形成美的形式表现。经典的表现形式结构，是历代艺术家通过实践用科学的方法总结出来的经验，是适合人们共有的视觉审美经验，符合人们所接受的形式美的法则，是审美实践的结晶。从总结的形式美的表现形式来看是多样的，而每一种形式都有针对不同内容的表现方法。

3.4.1 中心构图

在三分法构图中不将主体放在画面的正中心，但构图没有定则，有时将画面主体放在正中心效果会很好。尤其是对称的画面，将中轴线放在正中心，画面就会有很强的形式美感。很多建筑和道路都适合用中心构图来表达，如图 3.77 所示。

图 3.77　中心构图

3.4.2　对称构图

对称构图分为上下对称和左右对称两种，把版面一分为二进行排版布局。在重量上两个部分具有一致性，所以给人以平衡、稳定的感觉，如图 3.78 所示。

图 3.78　对称构图

3.4.3　对角线构图

对角线构图其实是引导线构图的一类，将画面中的线条沿对角线方向展开，便形成了对角线构图。沿对角线展开的线条可以是直线，也可以是曲线、折线或物体的边缘，只要整体延伸方向与画面对角线方向接近，就可以视为对角线构图，如图 3.79 所示。

图 3.79 对角线构图

3.4.4 三分线构图

三分线构图，顾名思义，就是把画面平局三等分，左右或者上下分成三部分，是一种在摄影、绘画、设计等艺术中经常使用的构图手段。可以说，三分线构图是一种最简单、最有效的构图方法，如图 3.80 所示。

图 3.80 三分线构图

3.4.5 井字形构图

井字形构图，也称为九宫格构图。手机摄影中常常会用井字形构图。为了更好地达到表现主体的效果，把主体放在井字形的交叉点上，效果往往会更好，如图 3.81 所示。

图 3.81　井字形构图

3.4.6　引导线构图

引导线构图，就是利用画面中的线条去引导观者的目光，让他的目光最终可以汇聚到画面的焦点。当然引导线并不一定是具体的线，只要是有方向的、连续的东西，我们都可以称为引导线。在现实生活中，道路、河流、整齐排列的树木、颜色、阴影甚至是人的目光都可以当作引导线构图使用，如图 3.82 所示。

图 3.82　引导线构图

3.4.7　三角形构图

三角形构图，是指利用画面中的若干景物，按照三角形的结构进行构图拍摄，或者是对本身就拥有三角形元素的主体进行构图拍摄。这些三角形元素可以是正三角形、斜三角形或是倒三角形，如图 3.83 所示。

图 3.83　三角形构图

3.4.8 框架式构图

所谓框架式构图，就是利用门窗、山洞做前景来表达主题，阐明环境的构图方法。框架式构图，能产生强烈的现实空间感和透视效果。这种构图符合人们的观察视觉心理，使人感觉到透过门和窗来观看影像。通过透视现象产生画面的空间感，如图 3.84 所示。

图 3.84　框架构图

3.4.9 黄金分割法构图

“画留三分空，生气随之发。”三分法构图是用两条横线和两条竖线将画面从上到下、从左到右平均划分为9等份，如同“井”字。这样可以得到4个交叉点，线条交叉点就是安排趣味中心的位置，也是我们的视觉中心，如图3.85所示。

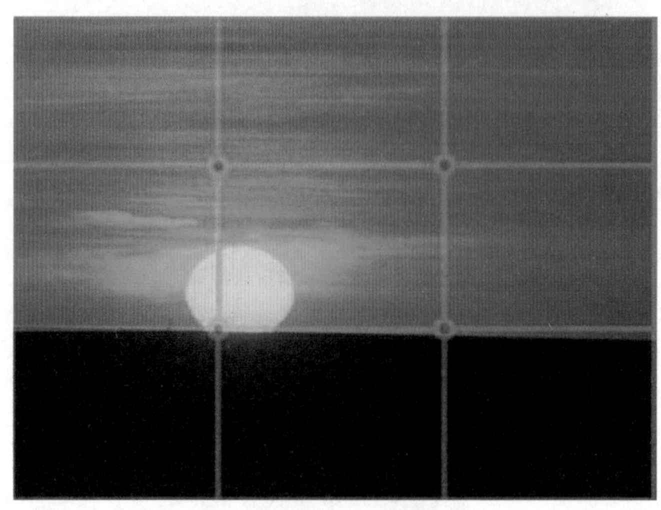

图3.85　黄金分割法构图

3.5　色彩的搭配

摄影中除了构图和光影外，最影响照片美观的是色彩。不同的颜色能表达不同的感情和思想，正确地运用色彩，不但可以使暗淡的照片变得明亮，而且还能使照片充满活力。

3.5.1　单纯色彩

单纯色彩，是指画面的色彩比较单一，看上去基本只有一种色彩，如沙漠、一片树叶、一朵小花等，这些景物也有其独特的魅力。

图3.86所示的照片拍摄于悉尼歌剧院，画面基本由黑白色构成，奇特的建筑物形成了对比强烈的阴影，使画面构图更完美，远处的人正在起式做金鸡独立，仿佛这里是她的大舞台，正在讲述美丽而神奇的篇章，形式感很强，起到了引导视线的作用。

图 3.86　单纯色彩

3.5.2　邻近色彩

色轮是研究颜色相加混合的颜色表，通过色轮可以展示各种色相之间的关系，如图 3.87 所示。而邻近色彩是在色轮上比较靠近的颜色，如绿、黄绿、黄等颜色。

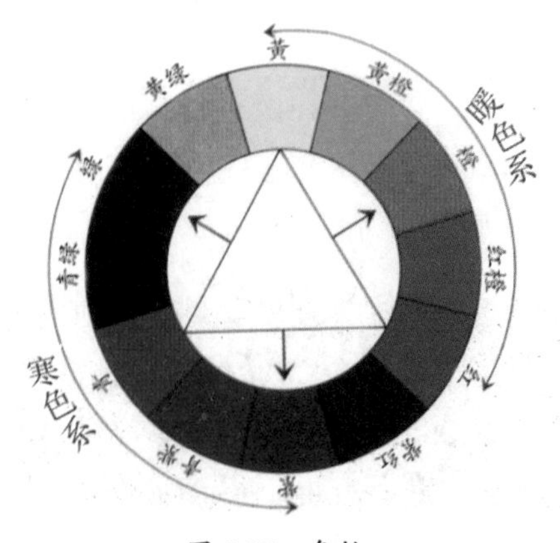

图 3.87　色轮

图 3.88 所示的紫色的花海和蓝色的天空是邻近色彩，拍摄时，将这两种颜色搭配在一起，既可以增加画面的层次感，也可以使其看上去更加和谐。

图 3.88　邻近色彩

3.5.3　互补色彩

互补色彩是指按一定比例混合后可以产生白光的两种颜色，比较常见的互补色彩有红色和绿色、黄色和紫色、蓝色和橙色。

如图 3.89 所示，画面中的天空就是蓝色和橙色组合而成的互补色彩，可以让画面颜色更加丰富，同时也减少了色彩之间的跳跃感。

图 3.89　互补色彩

3.5.4　对比色彩

对比色彩主要是通过在画面中选择几种对比鲜明的颜色，将这些色相、饱和度、明度对比相对比较大的颜色并置，产生一种强烈的跳跃感，它是手机摄影中经常运用的色彩处理方法。

例如，黄色和蓝色分别是暖色和冷色，而且它们在色轮上是相对的两种颜色，手机摄影时，运用这两种颜色可以形成比较强烈的对比，增加画面的视觉冲击力，如图 3.90 所示。

图 3.90　对比色彩

3.6　光影的使用

场景的光影和明暗在取景和构图上，有许多积极的作用。光线情况对于场景的选择、判断，有相当关键的影响。许多大场景中的明暗层次、现场光位，并不一定是人造光（如闪光灯）可以模拟出来的。因此，拍摄前，我们需要先评估环境光的方向、光影、明暗情况，再去确定拍摄对象的位置，并确认最终可能拍出什么样的画面。

3.6.1　不同光位，不同效果

光位不同，光线落到被摄体的位置就会不同，产生的画面效果与风格也不尽相同。根据光源、相机和被摄体所处的位置，常见的光位可分为顺光、侧光、逆光、侧逆光四种基本类型。

第一，顺光带来均匀的光线照射，简单来说，当光线照射方向与相机拍摄方向一致时，即为顺光状态。

顺光又称为正面光。通常在这个光位下，被摄体几乎所有的部分都会直接沐浴在光线中，画面不易产生大面积阴影，细节和色彩都会被如实地保存下来。顺光均匀适合记录事物。所以顺光常用于拍摄壮丽的自然风光、证件照等，如图 3.91 所示。

图 3.91　顺光拍摄

第二，侧光增强景物对象的立体感，本书的侧光是特指 90 度侧光。此时光线、相机与被摄体三者之间形成一种直角三角形的关系。在摄影中，侧光被大量使用。这种光位能够产生良好的光影效果，并且能呈现比较均匀的立体感。

侧光光位常用于强调光明与黑暗对比，所以具有一定的戏剧效果。由于侧光善于表现被摄体的轮廓和形状，所以在实际拍摄过程中，这种光位也常能够表现出一些富有艺术感染力的画面，如图 3.92 所示。

图 3.92　侧光拍摄

第三，逆光勾勒景物轮廓线条，当光线从被摄体后方迎向相机镜头照过来时就形成极具艺术感染力的逆光效果，在逆光光位下，光线与相机的拍摄方向会成约 180 度的夹角。

逆光光位下拍摄的照片通常具有较高的识别度，给观者留下较深刻的印象。逆光拍摄的特别之处在于：逆光下光源往往不能为被摄体提供照明，反而会由于光线与周围环境的明暗对比，形成剪影效果。此外，逆光光源还常常会出现在画面中，作为一种特殊元素存在。例如，常常在日落剪影摄影中看见的夕阳，如图 3.93 所示。

图 3.93 逆光拍摄

第四，侧逆光赋予独特的光线效果，侧逆光是指光线来自相机的斜后方，与镜头成 120 度左右夹角。在侧逆光光位下进行拍摄，被摄体的受光面积只占小部分，而阴影占大部分。

侧逆光的主要特点是被摄体会形成明少暗多的照明效果。这种光位下所拍摄的照片通常具有很强的空间感，能够产生独特的光影效果，同时画面层次也比较丰富，如图 3.94 所示。

图 3.94 侧逆光拍摄

3.6.2 自然光

大家都知道有光才有摄影，所以光线对拍摄照片的成败起着重要的作用。在室内我们可使用各种人造光源，如闪光灯、光管等来拍摄；而在户外环境，摄影人则可善用自然光，即阳光照射至地球上的光线。大家可以发现，就算是拍摄相同的主体，在不同的时间所拍摄出来的效果也会有所不同，有时影像可能会显得较为生硬，有时又可能较为柔软；又或是一时影像的颜色偏向冷色调，一时则是暖色调，这些其实都与自然光有关。

拍摄的时间、天气及相机的方向也影响了自然光照射于主体上所呈现的效果。投射于主体上的自然光主要有三种，分别是直射光、散射光以及反射光。直射光的例子有不受云雾遮挡的自然光，这种光会产生较暖的颜色，利用这种光线所拍摄的影像会有较高的对比度；而散射光，例如，穿过云雾的日光则会产生较冷的颜色，所拍摄的影像对比度较低；而反射光则是来自其他反射表面的光线，光线较为柔和。主体受哪种光线照射，是由拍摄时间以及天气因素而定，这些都会影响影像的白平衡以及对比度，如图 3.95 所示。

图 3.95 自然光拍摄

3.6.3 人造光

摄影中，人造光的使用必不可少。相比单纯的自然光拍摄，利用人造光拍摄的优势有很多，光的朝向、光的强弱以及光的颜色等各种相关元素的自由操控度都更高，如图 3.96 所示。

图 3.96 人造光拍摄

3.6.4 手机闪光灯

闪光灯是每个摄影师都熟悉的摄影灯之一。在拍摄光线不足的条件下，闪光灯能起到很好的补光作用，并且在具体使用时它不仅可以补光，配合使用不同的色片拍摄还可以制造出不同的画面色调，调整画面的情绪和氛围，如图 3.97 所示。

图 3.97 手机闪光灯拍摄

思考题

1. 手机拍摄包括哪些模式?
2. 如何利用景深变换拍摄画面的虚实?
3. 构图方式有哪些?
4. 色彩如何使用?
5. 光影如何使用?

第 4 章　主题摄影

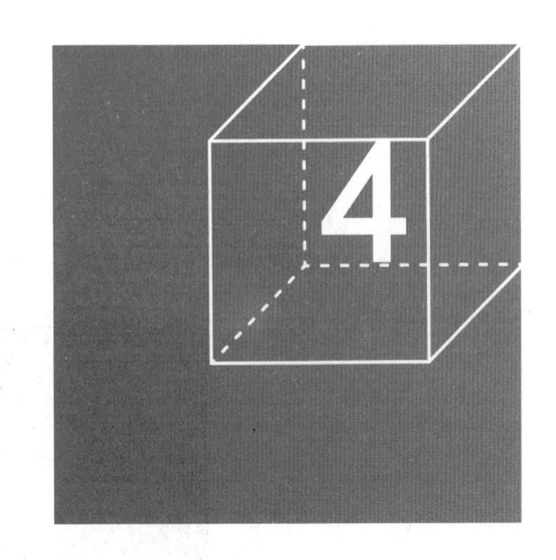

按照拍摄对象进行分类，主题摄影可分为美食摄影、人像摄影、风光摄影、夜景与星空摄影、街拍与纪实摄影、创意摄影等。不同的主题常常使用不同的拍摄方法，本章将介绍适合不同主题的拍摄技巧。

4.1 美　　食

美食摄影已成为摄影行业中一种流行且富有创意的摄影题材。最初是一种从菜单和餐厅营销中获取美食的方法，如今已演变成一种融合生活方式与设计的类别。无论是为餐厅还是为个人拍摄食物照片，都有多种方法来创建迷人而独特的生活美味图像。

4.1.1　专注于构图

拍摄食品照片时，必须着重于创建良好的构图。构图是指多种元素（如颜色、图案、纹理、对称性和深度）一起形成图像的方式。

在食品摄影中，你需要检查要拍摄的对象并评估设置，以了解它们如何协同工作以创建视觉上吸引人的布局，如图 4.1 所示。

图 4.1　构图设计

为了创建构图，摄影者需要从各种角度拍摄相同的主体，以使图片具有多样性和创造力。要创建各种形式的构图，可以从鸟瞰俯视图，在距眼睛几十厘米高的桌子上拍摄场景或近距离拍摄详细照片。在这种情况下，不用对场景进行任何调整，而是改变自己的视角。

对食物进行构图时，需要突出显示布局的各个方面，这些方面将在视觉上吸引观看者。了解每个元素的色彩、排列将有助于更好的构图。

4.1.2 使用自然光

对食物进行摄影时，选择过度的灯光会破坏图像，使用强光或人造光可能会导致图像看起来不真实，并在帧中产生不必要的分散注意力的元素，如阴影或眩光，如图 4.2 所示。

为了避免不良的照明条件，最好将目标对准自然光，自然光会在图像中产生柔和的效果，突出你所拍摄的主体。如图 4.2 所示。

图 4.2 使用自然光

如果你要在室外拍摄场景，自然光很容易获得，真正的困难是在室内进行拍摄时，为了避免光源影响，最好关闭所有人造光源。

无须依赖人造光源，在你的环境中找到一个可以提供最自然光线的地方，可以在窗口旁边的桌子上创建布局，让光线照亮你的餐具。

在其他情况下，食品摄影师将使用连续的外部光源来拍摄图像。由于照明设置可能是一个更复杂的过程，因此对于初学者，我们建议在最自然的照明条件下拍摄图像。在拍摄过程中要有创造力，并了解如何利用和操纵自然光达到自己的目的。

4.1.3　合适的镜头

如果每次拍摄的菜品品类都很多，需要拍摄的角度也多，适合选用变焦镜头。如果每次拍摄的菜品不多，或者不需要太多角度变化，选用定焦镜头能有效提高画面质量。外出拍摄，可以准备一个变焦镜头和一个定焦镜头，基本可以满足需求。通过以下例子介绍拍摄镜头。

1. 佳能 EF 24–105mm f/4L IS II USM

图 4.3　佳能 EF 24-105mm f/4L IS II USM

美食拍摄常用焦段基本是 50mm 以后，24—105 基本能解决大部分情况，也是红圈中最便宜的变焦镜头，缺点就是没有锁定焦距的功能，俯拍时，镜头容易自动伸长焦距。

2. 佳能 EF 100mm f/2.8 USM(2 代百微）

图 4.4　佳能 EF 100mm f/2.8 USM(2 代百微）

锐度非常棒，但是和红圈的百微相比，后期调色时的显色程度会略为干涩，但优点就是价格便宜，是最适合入门的微距镜头。

3. 佳能 TS-E 90mm f/2.8

图 4.5 佳能 TS-E 90mm f/2.8

移轴镜头，微距为 1 ∶ 2，优势是移轴拍摄，能够在 f5 光圈下保障整个平面的清晰度，非常耐用，但是不适合长时间使用。

4.1.4 选择合适的色彩

1. 方法 1：只选用同一色系

方法 1 是最易上手，且见效最快的色彩搭配方法。在按快门前，审视你眼前的桌子，把不和谐色彩的东西取走，只留下单一色系的道具，可以深深浅浅，可以多多少少，只要色系保持一致，画面就有了整体感。

如图 4.6 所示，报纸背景、餐垫、面包、龙眼、叉子，画面上基本所有物品都保持了棕色调。

图 4.6 同一色系

2. 方法 2：采用大面积色块进行撞色

相比方法 1 的和谐舒适，方法 2 走了另一个极端。采用大面积的色块，甚至是对比色进行撞色，让画面充满生气。

需要注意以下几点。

（1）色块种类不宜太多。

（2）色块大小不宜相差太大。

（3）尽量减少撞色色块以外的杂色面积。

3. 基础色系加点缀色

基础色系加点缀色其实是方法 1 的升级。在单一色调的基础上，加入另一个色系的小色块进行点缀。需要注意的是，点缀部分不宜过大，增加的颜色要和基础色系有一定的差异。

如图 4.7、4.8 所示，稍加观察不难发现，图 4.7 为棕色系 + 蓝色点缀；图 4.8 为米色系 + 红色点缀。

图 4.7　棕色系 + 蓝色点缀

图 4.8　米色系 + 红色点缀

盘子的色彩是吸引观赏者的决定性元素。如果正在拍摄的盘子缺乏活力，无法吸引观众的眼球，可以在盘子附近点缀辣椒粉、小茴香或碎红辣椒之类的香料，可以使本来就很简单的画面变得动感十足，如图 4.9 所示。

图 4.9　盘子 + 香料点缀

4.1.5　添加动作

结合使用动作可以使图像具有人性化的感觉。摄影师通过自己创作的照片讲故事，能够使美食摄影的内容更丰富。

美食摄影可以加入围绕餐桌的聚会、社区和回忆的概念。为了使你的静止图像栩栩如生，有必要在创作过程中添加一些动作。

要在图像中创建动作，可以显示烹饪过程，而不仅仅是最终产品。此技术在配方制作等场景中非常有效，可以在摄影过程中逐步演示餐食的制作。

如图 4.10 所示，你可以捕获厨师将糖浆倒在一盘煎饼上，将糖撒在一批新鲜的饼干上，或将奶酪倒在比萨面团上等具体的烹饪动作。

图 4.10　添加动作

还可以使用模型来展示准备和用餐的行为，过程中需要确保你的构图是有创意的，并且任何人为因素都不会干扰整体的食品形象。

通过为图像添加动作，可以使观看者感受到与用餐相关的互动。

4.1.6 创建具有凝聚力的布景设计

创建优质食品摄影，可以将创意和凝聚力的布景设计结合使用。

如前文所述，你的目标和意图应该是通过图像讲述一个故事，为了吸引观看者的注意力并激发其兴趣，这就需要创建一个视觉上详尽且引人入胜的布局。

也可以将你正在拍摄的菜肴相关的主题，专注于特定的假日或庆典，或根据与你的菜肴相关的季节量身定制你的布景设计，如图 4.11 所示。

图 4.11 增加布景设计

你可以通过选择装饰元素来创建高质量的布景设计，例如，设计精美的盘子、杯子或器皿，精美的餐巾纸，鲜花花束，碟子周围的香料飞溅甚至手工制作的背景，充分利用设置的全部内容，根据需要添加和删除元素。

重要的是，高质量的食物图像不仅与盘子上的内容有关，而且与整体的美感和创意设计有关，还可以讲述你的用餐经历。

4.2 人　　像

人像摄影，就是以人物为主要创作对象的摄影形式。人像摄影与一般的人物摄影不同：人像摄影以刻画与表现被摄者的具体相貌和神态为自身的首要创作任务，虽然有些人像摄影作品也包含一定的情节，但它仍以表现被摄者的相貌为主。人像摄影的拍摄形式分为胸像、半身像、全身像。

4.2.1　背景与主体一样重要

1. 虚化背景，突出主体

在拍摄人像时，可以对光圈（大光圈）、物距（小物距）、焦距（长焦距）三个数值进行设置，虚化掉繁杂的背景，从而更有效地突出人物主体，如图 4.12 所示。

图 4.12　虚化背景，突出主体

2. 选择简洁背景

在人像摄影中，人物才是摄影师要着重表现的主体，画面中的其他元素都只能起到衬托主体的作用，因此，突出人物最简单的方法就是寻找一个简洁的背景，如图 4.13 所示。

图 4.13　选择简洁背景

4.2.2　为照片选择一个主题

只有提前设定好摄影主题，才能更好地进行摄影。有了摄影主题之后，摄影师在选择模特儿、服装、场地、造型等方面，就不会陷入纠结，同时，可以让你拍摄的整组照片更有整体感和凝聚力，如图 4.14 所示。

图 4.14　选择旅游主题

4.2.3　与模特儿的沟通和指导

一切准备就绪之后，作为摄影师的你需要在拍摄前与模特儿沟通，并在拍摄时给予模特儿清晰的指导，这样才能让模特儿以一个舒适和放松的状态完成拍摄。摄影师可以对模特儿的动作做一些小而简单的调整，也可以通过一些闲聊缓解紧张的气氛，如图 4.15 所示。

图 4.15　沟通和指导

4.2.4　多关注拍摄对象的眼睛

拍摄人像时，可以将焦点放在拍摄对象的眼睛上，这样会让照片看起来更有故事感。一般情况下，人物的眼睛应放置在画面上方水平线的 1/3 处，当然，创意人像除外。这样做，很容易将观众的注意力吸引到人物的眼睛上，给人一种非常自然、舒适的视觉感受，如图 4.16 所示。

图 4.16　关注拍摄对象的眼睛

4.2.5　了解常用的人像摄影构图

合理使用构图在摄影中非常重要，最常用的人像构图方式有九宫格构图法和对角线构图法。

1. 九宫格构图

九宫格构图，就是我们常说的井字形构图、三分法构图，将人物主体放在九宫格的一条竖线上，能够让人物更加醒目突出。在使用这类构图方法时，最好只用来拍摄半身人像，如图 4.17 所示。

图 4.17　九宫格构图

2. 对角线构图

使用经典人像构图拍摄出来的照片，有时候会显得平淡，此时，我们可以使用对角线构图拍摄人像，这会让画面看起来更有活力，同时也可以让人物的身材看起来更加修长，如图 4.18 所示。

图 4.18　对角线构图

4.3 风　　光

风光摄影是广受人们喜爱的摄影题材，它能给人们带来美好的享受，从摄影者发现美开始到拍摄结束，直到与读者见面的全过程，都会给人以感官和心灵的愉悦，能够在一定的主题思想表现中，以相应的内涵使人在审美中领略到一定的信息成分，由此也能使人增添一些难忘的情趣。

4.3.1 用好明暗

摄影中对比非常重要，在对比中，明暗对比可以让你的风景照片看起来更加漂亮。但在用明暗对比时，一定要注意不要让暗部太暗，不要形成黑暗一片没有细节。如图 4.19 所示，可以等太阳到山的边缘时，把光圈数值调到大于等于 8，对焦在山的明暗交界边缘，可以让照片更清晰，小光圈可以把太阳拍成星芒。注意山下面的景物，有明暗的变化，图 4.19 右下角的树很亮，与画面当中的暗部形成鲜明的对比，使照片更有张力。

图 4.19　明暗变化

4.3.2 用好线条

在摄影中寻找线条，用好线条，可以让你的照片显得更有艺术感，如图 4.20 所示，从上向下进行俯拍，地上的河流仿佛在画面上勾勒出线条，让照片看起来更有艺术感。日常拍摄风景时，除了可以将河流看作线条，还有很多其他景物也可以看作线条，你要试着去寻找。

图 4.20　线条变化

4.3.3　用好重点

拍摄风景照片时，画面当中也应有重点，如图 4.21 所示，虽然画面中心有一个小白点是人，但是中心的小点太小了，不够突出，而图 4.22 所示的照片中间有房子，重点就稍微突出一点，与远处的大山、近处的地面，都形成很好的过渡与对比，照片重点突出，画面看起来才不空洞，如图 4.22 所示。

图 4.21　明确重点

图 4.22　突出重点

4.3.4 用好居中构图

当画面左、右相对比较整齐的时候，适合使用居中构图，路从中间把画面左、右两侧分开，左、右两侧的路可以很整齐地对折在一起，而路面以外的树，打破规则，增加了活力。这样的风景，使用居中构图可以使风景照片乱中有序，更显干净，如图 4.23 所示。

4.3.5 用好角度

变换一个不常见的角度，会让你的照片有一个特殊的观感。如图 4.24 所示，从下向上进行仰拍，让原先就很高大的树木更显震撼，画面冲击力更强，所以采用不常见的角度，让你的风光照片更有看点。

图 4.23 居中构图

图 4.24 选取角度

4.3.6 用好相框

拍摄自然风景，一定要用好大自然中的天然相框，如图 4.25 所示，左、右两侧的树干就形成了不规则的相框，在框中间，再配上景物，画面就有重点了，相框可以形成漂亮的画中画效果，让你的风景照片看起来更有层次感。

4.3.7 用好前景

拍人的时候，很多朋友都喜欢用虚化的前景，拍风景的时候，我们也要利用好前景，但不要虚化。如图 4.26 所示，前景的冰块形成递进向前的视觉效果，可以让你的照片看起来更有纵深感。

图 4.25　相框选取

图 4.26　选取前景

4.4　夜景与星空

浩瀚的星空总是那么美丽，令人无限着迷。星空摄影也是许多人喜欢拍摄的一类摄影主题，但是，要拍摄出浩瀚无边的星空大片，还是需要技巧的。

4.4.1 时间和地点

星空拍摄的时间是在夜晚，拍摄时，首先要选择天气晴朗云彩少的时候，同时还要避开有月亮的时候，因为月明星稀，在满月时分，天空中的月光很亮，严重影响星空的可见度。因此，最佳的星空拍摄时间在农历的三十和初一，这两天正值新月时分，夜晚不见月亮，星空效果最佳。

拍摄星空时，还需要避开城市的光污染，因此选择拍摄的地点最好是在郊外或者高山等无城市太多光源的地方，这些地方能够避免杂光的污染，最好还是在视线开阔的地方，这样的星空才会宽广，如图 4.27 所示。

图 4.27　拍摄地点

4.4.2　构图模式

典型的星空夜景摄影构图，主要还是以星空银河为主，相机贴紧地面向上拍摄效果最好，同时为了增加构图的丰富性，通常会在前景部分加入一些山脉、地景、树木或奇特岩石，且放在构图下半部的效果最好，如图 4.28 所示。

图 4.28　构图模式

4.4.3 人造光源

如果夜空的月光太弱，以至于前景太昏暗，我们可以运用人造光源照亮前方的景物，如闪光灯、LED 灯、手电筒等，并依照曝光时间来调整光源强弱。另外，为了让前景看起来更加立体，建议从左、右两侧进行补光，效果会比较理想，如图 4.29 所示。

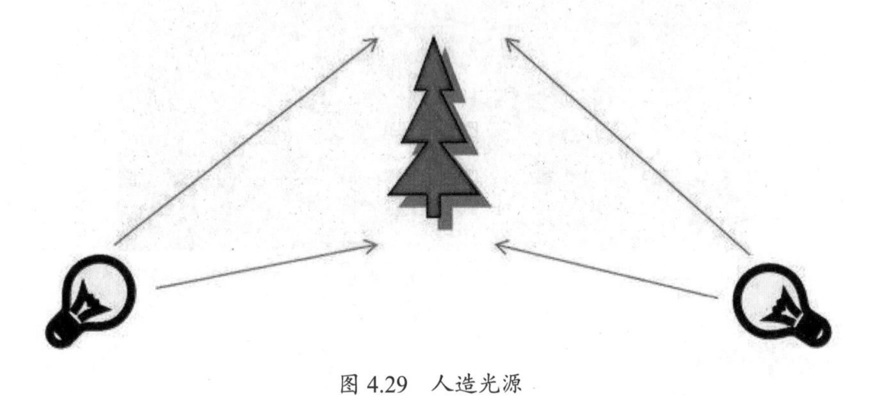

图 4.29 人造光源

4.5 街拍与纪实

街拍摄影可以让你用心去留意身边的每一个生活细节，然后你也就有机会挖掘出更多不平凡的瞬间。纪实摄影是以记录生活现实为主要诉求的摄影方式，素材来源于真实的生活，因此，纪实摄影有记录和保存历史的价值，具有作为社会见证者独一无二的资格。

4.5.1 街拍摄影

1. 要大胆靠近被拍摄主体，这样才能拍到更多细节

很多摄影新手在街拍创作时，总是瞻前顾后，但是在街拍时，最基础也是最重要的就是要敢于拍摄，并且还要尽量多拍，同时在征得同意的前提下还要敢于靠近被拍摄物体，这样才能拍到更多更加细腻的画面，如图 4.30 所示。

图 4.30　大胆靠近

2. 要善于捕捉画面的故事感，同时学会等待

在一个环境中进行摄影创作时，大多情况下并不会立刻出现我们想要的故事感画面，这时需要我们耐心等待和观察，并做好随时拍摄的准备，因为任何优秀摄影题材的拍摄都需要用心和投入。无论是灯火霓虹还是乡村烟火，当你有了摄影创作的冲动时，就需要用心去感受，这样拍出来的照片才会给观众带来身临其境的效果，才能触发观众内心的情感，如图 4.31 所示。

图 4.31　善于捕捉

4.5.2 纪实摄影

1. Hunt 捕捉

要捕捉好照片，先要捕捉到你的目标。例如，你今天的目标是拍摄穿红色上衣的人，那么就不单是拍一张就结束，而是一直跟着你的目标，直到拍到满意的照片为止。或者你看见街上有趣的事物，就要一直跟着走。眼疾手快之余，还要留意光线和构图。

2. Trap 陷阱

陷阱不是要去捉弄人，而是要你耐心等待时机。看见美丽的光线，就静待值得拍摄的事物出现；看见美丽的地方，就等候光线更美再拍；看见蓝色的墙，就等候穿黄色衫的路人走过。

3. Guts 胆量

拍纪实照片不要害羞，不要介意别人的目光，要有胆量。身边的人大多数会不习惯你手上的相机，看见你举机拍摄，脸上的表情会更严肃。如果你想要拍摄这种表情当然可以，但前提是你应该友善地询问可否拍摄。同意拍摄的，就可以继续拍摄；不同意拍摄的，就应停止拍摄。

4.6 创意摄影

许多有创意的摄影师比较依赖强大的数码单反相机才能创作出具有创意的原始照片，但实际上，无论使用哪种手机，每个人都可以拍摄出不同寻常的照片。在本小节中，我们提供有趣的创意摄影，每个人甚至是初学者，都可以借助手机拍出有创意的照片。

4.6.1 内置闪光灯

内置闪光灯实际上并不是完全没用的相机工具，因为在明亮的天气下拍摄时可以用来填充阴影，在拍摄人像时可以使眼睛闪闪发光。当然，使用外部闪光灯可获得最佳效果，但是紧凑型相机的常规闪光灯也适用于此目的，如图 4.32 所示。

图 4.32　内置闪光灯

使用相机和内置闪光灯时，要确保启用防红眼功能。在这种情况下，预闪选项将被激活。相机上的闪光灯看起来可能很刺眼，你可以通过在闪光灯上放一小块布或羊皮纸来柔和效果，以使光线散射。

4.6.2　控制景深

通常而言，只有在矩阵较大的摄像机上才可以调节景深，但是对于矩阵较小的常规摄像机，可以限制景深。景深随焦距的增加而减小，如果被摄物体离镜头太近，使用镜头的广角值，大部分空间将变得清晰锐利。最好以较近的变焦拍摄被摄体，以使背景模糊。

4.6.3　从不同角度拍摄

绝大多数照片是在视线范围内拍摄的。如果要在低于或高于眼睛水平的位置进行拍摄，则意味着你已经从不寻常的角度进行拍摄，这样反倒会产生意想不到的、好的效果。在这种情况下，紧凑型相机具有更多优势，因为它们的轻巧机身和小巧的尺寸使其更易于操作和使用。

4.6.4　拍摄运动物体

摄影师在拍摄运动物体时最有可能完全冻结动作而不会留下被摄物体的移动感，或者只是使画面模糊。要想拍摄出传达运动感的图像，可以将平移与对象的运动一起使用。你可以通过屏幕将焦点锁定在被摄对象上，然后在被摄对象击中画面中的所需位置时按快门按钮，如图 4.33 所示。

图 4.33　拍摄运动物体

思考题

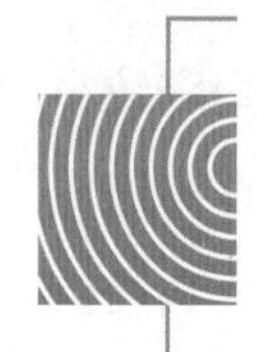

1. 美食摄影可以采取哪些方法?
2. 人像和风光摄影拍摄方法有哪些不同?
3. 怎样进行街拍与纪实拍摄?

第 5 章　后期修图

一般情况下，我们前期拍摄时都会尽量避免多余杂乱的元素，如垃圾桶、杂乱的树干等，这些元素一旦摄入画面中，就会有失和谐，但如果前期因某些客观因素无法避免，那就要在后期进行修图处理。

5.1 裁切与拼接

众所周知，人眼看到的画面永远比相机看到的画面要广，这就是为什么风景照片往往不如我们在现场看到的画面那样大气。为了尽可能使拍摄效果达到人眼看到的效果，就需要裁切与拼接。

5.1.1 裁出新的构图形式

我们在实际拍摄时可能会犹豫不决，不是每次都能拍摄出满意的作品，如图 5.1 所示，在欣赏自己的作品时，还可以思考重新构图，从而裁出新的构图形式，如图 5.2~ 图 5.3 所示。

图 5.1 原始图片

图 5.2 调整前效果（1）

图 5.3　调整后效果（1）

5.1.2　让主题位于黄金分割点

黄金分割点是安排主题的最佳位置，但是在实际拍摄中，主题有时候并不能刚好在黄金分割点上，如图 5.4 所示，这时我们可以通过后期将主题裁剪到黄金分割点的位置，如图 5.5 所示。

图 5.4　调整前效果（2）

图 5.5 调整后效果（2）

5.1.3 修正地平线的位置

除非特殊情况，保证地平线的绝对水平是风光摄影最基本的要求。但有时候手持相机拍摄时，地平线就不能保证绝对水平，如图 5.6 所示，可以通过后期来修正，如图 5.7 所示。

图 5.6 调整前效果（3）

图 5.7 调整后效果（3）

5.1.4 裁出宽画幅照片

宽画幅的照片有时候是通过裁切来实现的，同样，在拍摄的时候，也要设置好裁切线的位置，裁切线以外的景物可以不用处理，如图 5.8 所示，裁切后照片的效果，如图 5.9 所示。

图 5.8 调整前效果（4）

图 5.9 调整后效果（4）

5.1.5 简化背景，让主题更突出

后期裁切用得最多的应该是简化背景突出主题。把干扰主题的背景去掉，再次做一次“减法”，如图 5.10 所示。由于拍摄时的局限或疏忽，构图并不完美，但可以通过二次构图来改善，如图 5.11 所示。

图 5.10　调整前效果（5）

图 5.11　调整后效果（5）

5.1.6　裁切方法

有些照片可以通过裁图来重塑主题，如图 5.12 所示，原片在裁图后可以达到“脱胎换骨”的效果，这是二次创作的过程。主题是房子，但拍摄时是建筑的整个山墙面，通过裁图重新归置了主题，只表现了屋顶部分，基座、房屋两侧露出的天空都被裁切，表达了几何美和纯粹感，如图 5.13 所示。

图 5.12　调整前效果（6）

图 5.13　调整后效果（6）

5.2 滤　　镜

手机滤镜和手机外置镜头一样是磁吸式的，吸附在手机自带的镜头外，手机第一次拍摄保存下来的图片就是自带滤镜的照片。

5.2.1 手机滤镜

手机滤镜看上去像一块镜片，这块不同颜色的镜片吸附在手机原来的镜头前，使得拍摄出来的成片自带特定的颜色效果，根据不同镜片的颜色效果，从而影响出成片滤镜的效果，如图 5.14 所示。

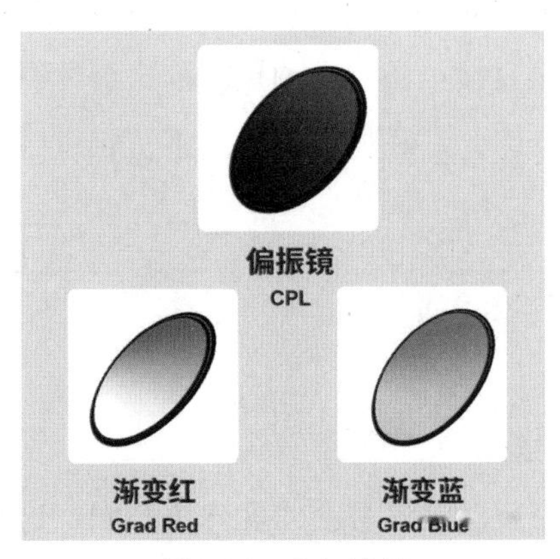

图 5.14　手机滤镜

5.2.2 磁吸手机滤镜的优势

如果用自带滤镜的App拍照，你会发现，拍出来的照片因为经过了处理，会自带噪点，比较模糊，也就是说，照片不真实了，如图5.15所示。

图5.15 对比效果

尤其是一些使用苹果手机的用户，手机自带相机拍摄效果比较真实，但如果是拍人，很多人都不敢直接面对苹果手机，因为过于真实，人的很多缺点也会呈现，而且用自带相机拍摄时，总是缺了点感觉。想要苹果相机的清晰度，但是又不满足苹果自带的滤镜，这个时候就非常需要这种外置的手机滤镜。

5.3 调节参数

如果你习惯使用手机直接一键完成拍摄，那么最终得到的拍照效果肯定没有专业级别拍摄得那么好。因此，我们可以利用手机相机中的专业模式进行一系列的参数调节。

5.3.1 亮度

1. 选择正确的测光位置

使用手机拍照时，用手触摸屏幕会出现一个圆圈，这个圆圈的作用就是对其框住的景物进行自动测光，当点击屏幕上的不同位置时，照片的亮度也会发生变化。

当你想要拍出比较暗的效果时，可以点击屏幕较亮的位置进行测光；当你想要拍出比较亮的效果时，可以点击屏幕较暗的位置进行测光。

2. 掌握手机测光小技巧

当你的手机测光点和对焦点不是同一个区域时，又该如何处理呢？我们按照下面的方法操作，就可以实现一个区域对焦，另一个区域测光的效果，先是点击屏幕选择对焦位置，之后长按对焦点，直到画面出现一个白色方框，此时就可以移动中间的测光点，到达新的测光位置，如图 5.16 所示。

图 5.16　测光

5.3.2　对比度

从基础层面上来说，我们做的每一个调色步骤都是在调对比度。我们把对比度的概念再定得宽泛一些，即它是画面中任何两个特别元素之间的距离。这些元素可能是灰度（阴影、中间调、高光），可能是颜色（红色、绿色和蓝色），也可能是位置（比如画面中心范围内的像素）。

1. 调整对比度

首先我们以达 • 芬奇调色软件为例，分析一下灰度、对比度、曝光和偏移工具，达 • 芬奇里最重要的工具就是偏移色轮。

偏移是进行画面调整的一个简单步骤，即对每个像素的值进行整体的增加或减少。这个操作模仿的是摄影机镜头的光圈，可以说，偏移工具是调色师的“曝光”工具。

使用达·芬奇软件，调整对比度的方法有以下几种。

（1）使用 Gain（增益）和 Lift（提升）工具，它们是最简单的调整对比度工具。当曝光确认了以后，只需要对画面的高光和阴影做出简单调整即可。使用 Gain 调整画面最亮的部分，而 Lift 调整画面最暗的部分。

（2）使用 Contrast（对比度）和 Pivot（轴点）工具，它们简单易用，很适合用来调整灰度范围。通过单独调整高光或阴影就可以调好画面效果的情况非常少。这两个工具让你通过眼睛来调整对比度，用 Pivot 旋钮确定阴影和高光的比例。适合对画面中的某个灰度范围做单一调整。

（3）还可以用 S 形曲线，调出一种比较“柔和”的对比度，可以使画面在增加对比度的过程中保留好细节。

2. 调节色温

色彩对比度，即画面中不同色相之间的对比。调节色温是调整色彩对比度最简单的方法。

使用达·芬奇调色软件来调节色温的方法如下。

（1）使用色温（temperature）旋钮调整参数，在调整参数的同时要看矢量示波器，信号的中点越接近示波器的中点，色彩对比度就越高。

（2）使用曲线工具，曲线工具是调节色彩对比度的最佳工具。调整曲线能让我们柔和地调整某个色相范围，调整画面的饱和度、色相或亮度。单独使用某个曲线的效果不错，通常合起来使用效果会更好。比如，对于有的画面，只需要给某个色相范围进行去饱和处理就可以得到理想的效果，有时候在处理色相的同时还要调节亮度，来营造更多层次。

（3）使用 Color Warper（颜色畸变器）工具，如果你觉得单独调节曲线有些费时间，还可以选择使用 Color Warper 工具。用于对图像的颜色进行校正和调整，可用于改变图像的色相、饱和度、亮度、对比度等，如图 5.17 所示。通过向内、向外拖曳 Color Warper 网格的控制点就可以调节饱和度，向左、向右拖曳控制点可以调节色相。如果要调节亮度，先点击控制点，再调节 Color Warper 右边的亮度滑块即可。

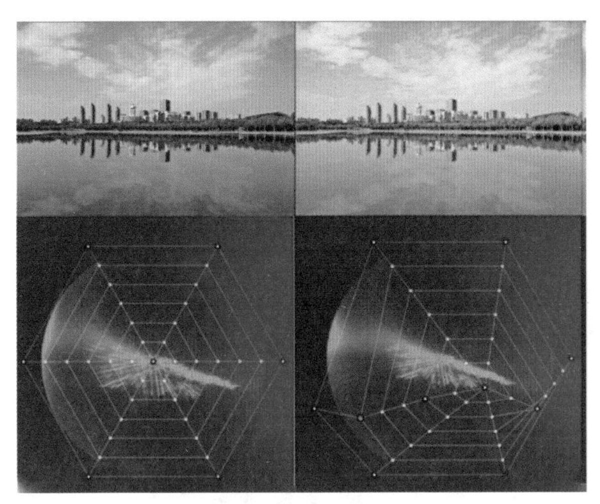

图 5.17 调节

5.3.3 清晰度

1. 擦拭镜头

手机镜头不可避免地会沾染指纹、灰尘、油渍，在大雾、阴雨等天气下手机镜头会产生一定的雾气，这些问题不仅会影响照片的清晰度，还会影响相机的对焦与曝光，所以建议大家拍摄前先擦拭一下手机镜头。

另外，部分手机保护壳带有一层镜头保护膜，一些材质不好的保护膜会影响照片的呈现质量，如果发现手机拍照不够清晰建议撕去这层保护膜，如图 5.18 所示。

图 5.18 擦拭前后对比

2. 时间选择

天气因素会很大程度上影响照片的通透度，充足的光线可以提升照片的通透度，而雾天、阴天拍出来的照片会偏灰。

我们无法改变天气因素，但是可以选择合适的时机、用光技巧以及后期处理等方式来提升照片的通透度。

例如，拍摄植物花卉，上午光线和水分都比较充足，大部分鲜花会在上午盛开，这个时候去拍花卉是比较合适的，如图 5.19 所示。

图 5.19　选择恰当时间

3. 手动对焦

安卓手机的专业模式中有手动对焦功能（MF），该功能便于手机无法自动识别对焦点时使用。

可通过上下滑动（横屏）、左右滑动（竖屏）选择合适的焦距。适合运用拍摄远距离的星星或者有前景、中景、远景的被摄对象，如图 5.20 所示。

图 5.20　对焦

5.3.4 饱和度

饱和度就是通过改变画面色彩的鲜艳程度，给人们营造视觉上的不同感受。

高饱和度色彩浓郁，给人张扬、活泼、温暖的感觉，更加吸人眼球。但如果色彩饱和度过高，色彩过于浓艳就会使眼睛感到疲劳，照片缺少质感，显得不耐看，如图 5.21 所示。

图 5.21　高饱和度

低饱和度色彩则给人安静、理性、深沉的感觉，更容易打造出色彩满满的画面。可是，饱和度降低到极致，画面就变成了黑白色，色彩无法真实地表现，如图 5.22 所示。

图 5.22　低饱和度

5.3.5 色相

色相，就是色彩的样子。调整色相，需要注意色彩之间的搭配，让照片变得和谐或刺激。常见的色彩搭配是相似色和互补色，应用于风光、静物、人像等照片中。

相似色搭配，颜色过渡比较接近，给人平和舒适的感觉。例如，韩国摄影师 Dongwon 经常使用相似色来打造温暖治愈的画面，如图 5.23 所示。

图 5.23 相似色搭配

互补色搭配，尤其是冷暖色调形成强烈的对比，刺激视觉，吸睛力十足。很多摄影师拍重庆这座城市时，就很喜欢用青橙、蓝橙这样的魔幻色调，如图 5.24 所示。

图 5.24 互补色搭配

5.3.6 高光与阴影

高光是指光源照射到物体，然后反射到人的眼睛里时物体上最亮的那个点，高光不是光，而是物体上最亮的部分，而且这些区域中仍然包含很多细节。

阴影是照片中曝光比较暗的地方，光线被物体遮挡会在光源的相反位置产生阴影。这些较暗的区域仍然具有一些能看到的细节。

高光：高光控制的是照片中的亮部区域，比如天空。

阴影：阴影控制的是画面中的暗部区域，比如地面。

按照曝光划分照片的区域可以实现对照片的精细调整，曝光调整的是整个画面的亮度，高光阴影控制的是画面的局部亮度，如图 5.25 所示。

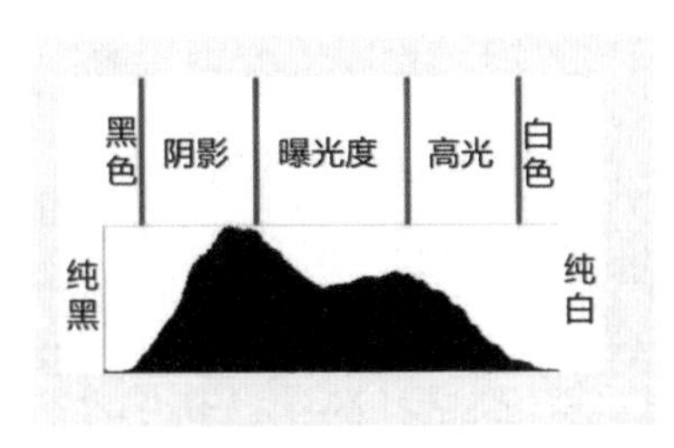

图 5.25 图示

高光和阴影的作用是可以显示更多细节，可以精细化地调整一张图片，通过调整不同区域的明暗变化，可以得到更多细节，弱化光比。如，正午拍摄室外人像，人物面部的光比比较大，如果没有反光板，那么唯一可以补救的就是高光和阴影。增强质感，高光和阴影的调整会比曲线调整得更加细腻，通常可以增强画面质感。

5.3.7 色温

色温是表示光线中包含颜色成分的一个计量单位。比如，对一个黑色的铁块不断进行加热后，它的颜色会随着温度的升高而发生变化，那么变化的过程即从黑色逐渐变红，然后慢慢转黄，再到发白，最后发出蓝色光。这也就是为什么我们在用天然气做饭时，有经验的厨师可以通过观察火苗的颜色了解到温度的高低，因为火苗越蓝，温度就越高。

色温的计量单位为“K”，在相机的自定义白平衡中可以看到这个参数，了解色温的变化，可以参看图 5.26 所示的色温图。

图 5.26 色温图

相机中的色温与实际光源的色温是相反的，这是白平衡的工作原理，通过对应的补色来进行补偿。

了解色温并理解色温与光源之间的联系，摄影爱好者可以通过在相机中改变预设白平衡模式、自定义设置色温 K 值，来拍摄出色调不同的照片。

通常，当自定义设置的色温值和光源色温一致时，就能获得准确的色彩还原效果。如果设置的色温值高于拍摄时现场光源的色温，则照片的颜色会向暖色偏移。如果设置的色温值低于拍摄时现场光源的色温，则照片的颜色会向冷色偏移。这种通过手动调节色温获得不同色彩倾向或使画面向某一种颜色偏移的手法在摄影中经常使用。

5.4 合成特效

我们在设计工作中需要表现的很多特效镜头，靠拍摄是不能实现的，如世界末日、山洪暴发、外星太空等，就需要用到照片的特效合成技术。

5.4.1 模糊

1. 摄影主体不要太大

背景虚化这个效果通常是用来拍摄花朵、昆虫、人像，以及其他静物的。很少有人会用“背景虚化”的效果来拍摄高楼大厦、河流山川。

摄影主体的画面占比要小于摄影背景，背景虚化才有意义。如果主体的画面占比很大，也就不需要背景虚化的效果来衬托了，如图 5.27 所示。

图 5.27 主体占比小

2. 手机和摄影主体之间的拍摄距离要近一些

摄影主体和摄影背景之间的拍摄距离要远一些。背景虚化的原理是让摄影主体和摄影背景，处在两个焦平面上。一个清楚，另一个必然会模糊，如图 5.28 所示。

图 5.28 距离设置

3. 手机设置“大光圈”

大光圈这个功能，以前是相机的专利。现在，大光圈也成了很多智能手机的基础功能。开启大光圈的目的，就是缩小景深范围。景深范围，也可以理解为照片的“清晰度范围”。景深范围越小，照片看上去清楚的区域就越小，如图 5.29 所示。

图 5.29 设置“大光圈”

5.4.2 镜像

拍摄镜像能产生极其酷炫的效果，对于镜像的最大误解之一就是认为镜像只存在于镜子或大面积的水面中，实际上，在各种不同类型的表面上都可以发现镜像，如窗户、水坑、玻璃酒杯和太阳镜等。

1. 水面倒影

在风光摄影中，最常见的就是利用水面倒影，在拍摄这类画面时，一般采用景物与水面各占画面一半的构图方式拍摄，使画面具有对称形式感，如图 5.30 所示。

图 5.30 水面倒影

2. 墨镜镜像

墨镜镜像是指利用眼镜反射景物或人像，表现形式很新颖，如图 5.31 所示。

图 5.31 墨镜镜像

3. 镜面镜像

镜子是最容易获得的镜像道具。单独的一面镜子可以显示两侧，或者两个视角，或者为照片构建平衡，如图 5.32 所示。

图 5.32 镜面镜像

5.4.3 双重曝光

双重曝光是由两个重叠图像组成的照片。可以使用特殊设置创建双重曝光照片，或者使用 Photoshop 来获取相同的效果，制作的图像通常具有梦幻般超凡脱俗的感觉，还可以将它们用于拍出非凡创意的效果。

修饰主照片，编辑主照片，去除瑕疵，调整亮度并添加对比度，以优化图像进行混合，消除背景，并用适当的颜色填充。

捕捉或选择图层照片，图层照片可以包含从城市的俯视图到草地或森林的任何内容。随意捕捉具有复杂细节或任何抽象的东西，图层照片应该有大量的高光和阴影，一旦与你的基础照片混合，它们看起来会更加明显。

根据你想要的效果，将图像混合在一起，尝试不同的图层混合模式和其他选项。你可以尝试使用屏幕混合模式，这是双重曝光最常用的图层混合选项之一，这种混合模式使组合图像看起来比任一图像更亮，如图 5.33~ 图 5.34 所示。

图 5.33　曝光效果（1）

图 5.34　曝光效果（2）

5.4.4　戏剧效果

1. 选择正确的时机

选择正确的时机拍照，对风景摄影很重要。今天的天空是灰色的，明天可能是明亮的蓝色。因此，在规划风景照片时，要考虑时间因素的影响。注意天气状况，天气在图像的整体氛围中起着很大的作用。因此，如果想拍摄一张黑暗且阴沉的照片，当暴风雨来临时，就是最好的时机。但是，如果你想拍摄更轻松或更快乐的照片，就需要充满云雾的蓝天，如图 5.35 所示。

图 5.35　选择正确的时机

充分利用一天中的不同时间的特点也很重要。一般中午的天空是最清晰的蓝色，日落之后或日出之前，通常是捕获薄云和暖光的好时机。当然，日出和日落也有利于拍出戏剧性的照片。

2. 尝试错误的白平衡

错误的白平衡设置可能会产生更戏剧性的天空。当拍摄到一天的开始或结束时尤其如此，因为使用不同的白平衡预设将调整天空的颜色。自动和阴影白平衡预设将为你提供橙色的夕阳和浅蓝色的天空。另外，红色的环境通常会使橙色的日落变成蓝天，如图 5.36 所示。

图 5.36　尝试错误的白平衡

3. 利用好天空

当天空比陆地更具戏剧性时，为什么不使用它来确定你的构图呢？准备拍摄时，请注意地平线。使用 1/3 规则想象将图像分成三个部分，然后将地平线放在其中一条水平线上。例如，如果要突出天空的壮丽和广阔，可以尝试将地平线放置在图像的上 1/3 处，以使照片中包含更多的地面元素。但是，如果天空中真的很有戏剧性，也可以使图片中包含更多的天空元素，将地平线放置在图像的下 1/3 处。如图 5.37 所示。

图 5.37　利用好天空

4. 长时间曝光

长时间曝光不仅可以拍摄瀑布，而且可以拍摄云朵。如果你使用快门速度长时间拍摄，云朵也将变得模糊，形成浓密的天空和轻微的移动感。要捕获云中的运动模糊，就需要使用时间较长的快门速度。最佳设置在某种程度上取决于天气和所需的运动模糊程度，但是你可以尝试从两分钟的曝光开始，然后从那里进行上下调整，如图 5.38 所示。

图 5.38　长时间曝光

5.4.5 艺术效果

Photoshop 软件的“艺术效果”滤镜中，包含以下 10 种子滤镜。

1. 彩色铅笔

彩色铅笔滤镜模拟使用彩色铅笔在纯色背景上绘制图像。主要的边缘被保留并带有粗糙的阴影线外观，纯背景色通过较光滑区域显示出来。

铅笔的宽度：可以利用划杆来调整铅笔的宽度。

描边压力：可以调整当前图像描边压力。

纸张亮度：可以调整纸张的亮度。

2. 木刻

木刻滤镜使图像好像由粗糙剪切的彩纸组成，高对比度图像看起来像黑色剪影，而彩色图像看起来像由几层彩纸构成。

色阶数：调整当前图像的色阶。

边简化度：调整当前图像色阶的边缘化度。

边逼真度：调整当前图像色阶边缘的逼真度。

3. 干画笔

干画笔滤镜能模仿使用颜料快用完的毛笔进行作画，笔迹的边缘断断续续、若有若无，产生一种干枯的油画效果。

画笔大小：调节笔触的大小。

画笔细节：调整画笔的对比度。

纹理：调整图像效果的对比度。

4. 胶片颗粒

胶片颗粒滤镜能给原图像加上一些杂色的同时，调亮并强调图像的局部像素。它可以产生一种类似胶片颗粒的纹理效果，使图像看起来如同早期的摄影作品。

颗粒：控制颗粒的数量。

高光区域：控制高光的区域范围。

强度：控制图像的对比度。

5. 壁画

壁画滤镜能强烈地改变图像的对比度，使暗调区域的图像轮廓更清晰，最终形成一种类似古壁画的效果。

画笔大小：调节颜料的大小。

画笔细节：控制绘制图像的调节程度。

纹理：控制纹理的对比度。

6. 霓虹灯光

霓虹灯光滤镜能够产生负片图像或与此类似的颜色奇特的图像，看起来有一种氖光照射的效果。

发光大小：调整当前图像光亮的大小。

发光亮度：调整当前图像发光的亮度。

发光颜色：调整当前图像发光的颜色。

7. 绘画涂抹

绘画涂抹的作用：使用不同类型的效果涂抹图像。

画笔大小：调节笔触的大小。

锐化程度：控制图像的锐化值。

画笔类型：共有简单、未处理光照、未处理深色、宽锐化、宽模糊和火花六种类型的涂抹方式。

8. 粗糙蜡笔

粗糙蜡笔的作用：模拟用彩色蜡笔在带纹理的图像上的描边效果。

线条长度：调节勾画线条的长度。

线条细节：调节勾画线条的对比度。

缩放：控制纹理的缩放比例。

凸现：调节纹理的凸起效果。

光照方向：选择光源的照射方向。

反相：反转纹理表面的亮色和暗色。

9. 底纹效果

底纹的作用：模拟选择的纹理与图像相互融合在一起的效果。

画笔大小：控制结果图像的亮度。

纹理覆盖：控制纹理与图像融合的强度。

纹理：选择砖形、画布、粗麻布和砂岩纹理或是载入其他纹理。

缩放：控制纹理的缩放比例。

凸现：调节纹理的凸起效果。

光照方向：选择光源的照射方向。

反相：反转纹理表面的亮色和暗色。

10. 调色刀

调色刀的作用：降低图像的细节并淡化图像，使图像呈现绘制在湿润的画布上的效果。

描边大小：调节色块的大小。

线条细节：控制线条刻画的强度。

软化度：淡化色彩间的边界。

思考题

1. 除了本书中提及的修图软件，你还知道哪些修图软件?
2. 怎样调节滤镜?
3. 调节参数包括哪些?
4. 如何设置合成特效?

第 6 章　短视频策划与拍摄

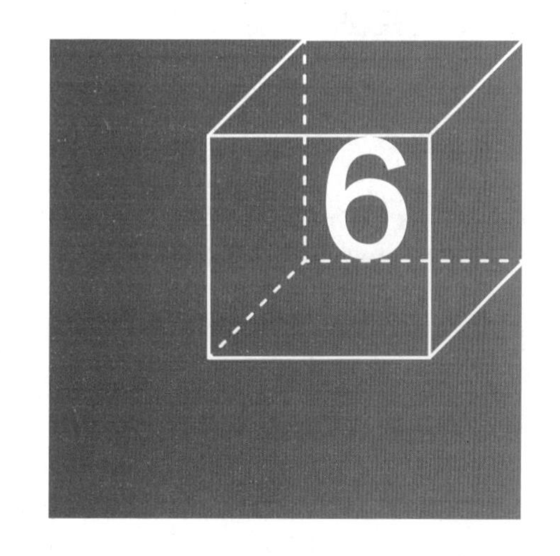

近年来，很多人都喜欢看短视频，不管是什么软件，只要是社交软件，都会有短视频被推广，专门制作短视频的 App 越来越多。可以说，我们今天的生活已经和各类短视频紧密相关。

6.1 短视频的特点与种类

短视频是指在各种新媒体平台上播放的、适合在移动状态和短时休闲状态下观看的、高频推送的视频内容，几秒到几分钟不等。内容融合了技能分享、幽默搞怪、时尚潮流、社会热点、街头采访、公益教育、广告创意、商业定制等主题。由于内容较短，可以单独成片，也可以成为系列栏目。

6.1.1 短视频的特点

短视频即短片视频，是一种互联网内容的传播方式，一般是在互联网新媒体上传播时长在 5 分钟以内的视频。随着移动终端的普及和网络的提速，短平快的大流量传播内容逐渐得到各大平台、粉丝的青睐。短视频具有以下特点。

（1）内容丰富、短小精悍：短视频通常时间较短，通常在几秒到几分钟之间。这种短暂的时长使得观众容易接受和消化内容。

（2）富有创意，视觉冲击力强：短视频通常注重视觉效果，通过动态图像、快速切换和特殊效果来吸引观众的眼球。视觉冲击力的强度可以帮助短视频在社交媒体平台中脱颖而出。

（3）观点鲜明，灵活多样：短视频制作可以发挥创作者的想象力和创造力，在内容和形式上呈现多样性。创作者可以采用不同的故事叙述方式、音效、配乐和字幕等元素来制作独特而吸引人的短视频内容。

（4）目标精准，引发营销效应：短视频制作通常会针对特定受众进行定位，内容与目标受众的兴趣和需求密切相关。短视频通过精准定位来吸引和保持受众的注意力。

（5）传播迅速，互动性强：短视频通常具有快节奏的剪辑和编辑，以吸引观众的注意力。内容往往紧凑、精炼，迅速传递信息。还常常会增加一些互动元素，例如，让观众参与决策，投票或评论，以此来与观众进行互动。

6.1.2 短视频的种类

1. 纪录片

“一条”“二更”是国内较早出现的短视频制作团队，其制作的内容多数以纪录片的形式呈现，制作精良，其成功的渠道运营优先开启了短视频变现的商业模式，被各大资本争相追逐。

2. “网红” IP 型

papi 酱、回忆专用小马甲、艾克里里等“网红”形象在互联网上具有较高的认知度，其制作的内容贴近生活。庞大的粉丝基数和用户黏性背后潜藏着巨大的商业价值。

3. 草根恶搞型

以快手为代表，大量草根借助短视频风口在新媒体上输出搞笑内容，这类短视频虽然存在一定的争议性，但是在碎片化传播的今天也为网民提供了不少娱乐谈资。

4. 情景短剧

“套路砖家”“陈翔六点半”“报告老板”“万万没想到”等团队制作内容大多偏向此类表现形式，该类视频短剧多以搞笑创意为主，在互联网上有非常广泛的传播。

5. 技能分享

随着短视频热度的不断提高，技能分享类短视频也在网络上有非常广泛的传播。

6. 街头采访型

街头采访也是目前短视频的热门表现形式之一，其制作流程简单，话题性强，深受都市年轻群体的喜爱。

6.2 短视频策划

短视频中有许多优质的作品，而制作一部优质短视频的前提是做好策划工作。策划可以看作短视频的灵魂，如果一部短视频，策划得合理、有趣、有创意，那么这部短视频就成功了一半。

6.2.1 短视频脚本策划

1. 了解自己的短视频风格

首先要明确自己的定位，然后根据自己的定位发布短视频，如果想发美食类的短视频，那就专攻美食类的短视频。

2. 借鉴经验

发布短视频的初期应该不会有什么流量，因此需要学习一下前辈发布的一些成功的短视频案例，借鉴他们的经验，同时要了解同类短视频的账户，熟悉他们的一系列制作的流程。当然，如果他们有不足的地方，等自己制作短视频时就可以避免。

3. 与粉丝互动

要经常与自己的粉丝互动，尽量做到留住老粉，收获新粉，在制作短视频的初期，尽量发一些适合自己定位的短视频，等自己有一定流量之后，再发其他短视频。

4. 选择合适的标题

制作短视频的标题一定要新奇，吸引人，一个好的标题能让大家对你的短视频产生兴趣，增加流量，这样才可以别出心裁，才能让观看短视频的用户持续关注。

5. 选择优秀的剧本

拍摄短视频还需要优秀的短视频剧本，一部好的剧本可以吸引读者的眼球，因此需要选取优秀的剧本，才能拍摄出让用户喜欢的短视频。

6. 选择专业的剪辑人员

拍摄一部好的短视频，需要专业的剪辑人员进行剪辑，需要合适的背景音乐和标题，这样才能制作出一部完美的短视频。

6.2.2 短视频的各种素材

1. 视频素材

（1）wedistill 素材网站：这是一个专门给小伙伴提供富有创意短视频的平台。

（2）mazwai 素材网站：这是一个新推出的视频素材网站，但使用这里的素材时需要署名才可以。

（3）lifeofvids 素材网站：这里可下载免费的生活类场景素材。

（4）videezy 素材网站：可以根据自己需要的内容输入关键词搜索需要的视频素材。

（5）pexels 素材网站：这是一个高清视频素材库，可免费下载，主要以风景为主。

2. bgm 素材

（1）free sound：专业视频制作者用得比较多的一个素材网站。

（2）lava：种类比较丰富的一个 bgm 素材库。

（3）爱给网：各种延时素材、音效、音乐等。

（4）sample focus：这里都是由用户自己上传的 bgm 素材。

（5）epidemic sound：可以根据情绪搜索你需要的素材内容。

3. 文案素材

（1）广告门：都是一些出自大师之手、富有创意的广告作品。

（2）我是文案：提供文案技巧教学。

（3）运营派：除了文案素材外，还介绍运营技巧。

（4）topys：汇集了全球的顶级文案创意。

（5）梅花网：几乎所有自媒体人都知道的文案学习网站。

这几个网站不仅提供了文案素材，而且可以学习更多的内容，使自己不断进步。

4. 无版权图片素材

（1）foodiesfeed：以美食类高清图片素材为主。

（2）unsplash：此网站上的图片素材非常有意境。

（3）stocksnap：种类比较齐全，而且有分类导航，查找素材更加方便。

（4）pexels：搜索需要用英文。

5. 动图素材

（1）giphy：类似于动图界的 Google（谷歌），但需要用英文搜索。

（2）动图宇宙：最大的一个中文动图搜索站。

6.3 短视频拍摄

短视频拍摄制作是短视频内容制作的最后一个环节，也是非常重要的一个环节。优质的短视频拍摄制作可以让选题更引人入胜，可以让选题内容更精彩，还能打动观众，给观众留下深刻的印象。

6.3.1 拍摄的软件

1. 抖音

抖音作为新的音乐媒介，呈现了新的音乐形式并带动了新的音乐潮流，在使用抖音短视频时，可以自主选择拍摄效果。抖音有丰富的音乐库、音效库和新式封面，有添加、分割、复制、变速、倒放、旋转等操作，根据文字图标提示，几乎完全能够自行解决剪辑问题，如图 6.1 所示。

图 6.1 抖音

2. 快手

快手是一个火热的短视频社区软件，用快手拍摄，选择美颜效果，可以配字幕和音乐，添加喜欢的滤镜，细调单个部位的美颜程度，选择合适的文字气泡，快手的操作和抖音的操作类似，可以自己选择想要上传的视频进行编辑，讲究拍摄短视频的清晰度、完整性，注意想要表达的简介和视频的时长。作品发布后，其他用户可以观看你的作品，并且进行评论，如图 6.2 所示。

图 6.2 快手

3. 美拍

美拍，让短视频更好看！“美拍”备受追捧得益于其背后企业“美图公司”，通过公司的品牌效应，使得“粉丝”将制作精美的短视频内容分享到微博、微信、QQ 等第三方社交平台，从而帮助“美拍”在推广过程中达到裂变式的传播效果，为“美拍”积攒了庞大的潜在用户群体，如图 6.3 所示。

图 6.3 美拍

6.3.2 运用镜头语言

1. 景别

根据镜头与主体的距离，景观可分为以下几类。

大远景：远距离镜头，人物很小，常见的有航拍镜头。

远景：深远的镜头景观，人物在画面中只占很小的位置。从广义上讲，根据不同的景观距离，视野有三个层次：大视野、远视和小视野。

大全景：包括整个拍摄对象和周围环境的图片，通常被用作影视作品的环境介绍，也被称为最广泛的镜头。

全景：摄入全身或小场景的影视画面相当于戏剧和歌舞剧场舞台框中的景观。在全景中可以看到角色的动作和环境。

小全景：比全景小很多，画面可以保持相对完整。

中间场景：拍摄人物小腿以上部分的镜头，或用于拍摄相同的场景镜头，是表演中常用的场景。

半身景：俗称半身像，是指从人物腰部到头部的景色，又称中近景。

近景：拍摄时取人物胸部以上的影视画面，有时也用于表现场景的某一部分。

特写：相机在非常近的距离拍摄的对象。通常以人肩以上的头像作为拍摄参考，旨在强调人体的某个部位，或相应的物体细节、景物细节等。

大特写：又称细节特写，是指突出人物头像、身体或物体的某一部位，如眉毛、眼睛等。

2. 相机的运动

在拍摄过程中，相机有很多不同的运动方式，下面分别介绍。

推：推拍、推镜头，是指被摄体不动，由拍摄机进行向前运动拍摄，拍摄范围由大到小，分为快推、慢推、猛推等，与变焦距推拍有本质区别。

拉：被摄体不动，由拍摄机进行向后运动拍摄，拍摄范围由小变大，分为慢拉、快拉、猛拉等。

摇晃：相机的位置不动，机身依靠三脚架上的底盘做上、下、左、右、旋转等运动，让观众站在原地环顾四周，看看周围的人或事。

移动：也被称为移动拍摄。从广义上说，运动拍摄的各种方式都是移动拍摄。但从一般意义上说，移动拍摄是指将相机放置在运输工具（如轨道或摇臂）上，然后沿着水平面在移动中拍摄对象。可结合移动拍摄和摇拍进行拍摄。

跟踪：指跟踪拍摄。

上升：上升是镜头做上升运动，同时拍摄对象。

下降：下降与升降镜头相反，即镜头同时下降和拍摄对象。

俯拍：常用于宏观展现环境、场合整体面貌。

仰：仰拍，常带有高大、庄重的意义。

甩：甩镜头，又称扫镜头，是指从一个被摄体甩到另一个被摄体，可以用来表现急剧变化。这个镜头可以作为场景变换的手段。

悬挂：悬挂拍摄，包括空中拍摄，往往具有广泛的表现力。

空：又称空镜头，是指没有剧中角色（人或动物）的纯景镜头。

切割：转换镜头的总称。任何镜头的剪接都是一次切割。

综合：指综合拍摄，又称综合镜头。通常是将推、拉、摇、移、跟、升、降、俯、仰、甩、悬、空等几种拍摄手法结合在一个镜头中拍摄。

短：短镜头，电影中是指 30 秒以下、24 帧 / 秒的连续画面镜头，电视剧中是指 30 秒以下、25 帧 / 秒的连续画面镜头。

长：长镜头，连续画面镜头 30 秒以上。

变焦拍摄：相机不动，通过镜头焦距的变化，使远处的人或物清晰可见，或使近景从清晰到虚拟。

主观拍摄：又称主观镜头，即表现剧中人物的主观视线、视觉镜头，往往具有可视化描写心理的作用。

6.3.3 拍摄方位与角度

拍摄精彩有趣的短视频，需要掌握运镜的技巧和拍摄角度。镜头按照是否运动，可以分为固定镜头和运动镜头。

固定镜头是指摄像机固定不动进行拍摄，我们平常直播或者拍微课的时候，比较常用固定镜头。

如果是拍情景短片，用得比较多的则是运动镜头，简称“运镜”，是指摄影机一边移动一边摄影的拍摄方式。

常用的运镜方法有推镜头、拉镜头、摇镜头、跟镜头、移镜头、升降镜头、晃动镜头。

1）推镜头

推镜头是指摄影机越来越靠近被拍对象，不断放大被拍对象的特征，取景范围越来越小，比如从近景变成特写。

例如，自拍的时候，本来手机离脸很远，显得脸小，然后手机慢慢向脸靠近，把脸拍得越来越大，甚至连脸上的痘痘都能看清，这个运动镜头就是推镜头。

推镜头的主要作用就是突出被拍对象或者烘托气氛。

例如，人物的内心活动可以通过五官或者四肢的细节特写更好地表达出来，此时就可以采用推镜头的方式。

例如，如果要拍摄一个主角威胁别人的镜头，为了表现主角的威慑力，就可以通过推镜头，不断放大主角犀利的眼神或者攥紧的拳头等，来增加紧张恐怖的气氛。

2）拉镜头

拉镜头与推镜头的运动方式完全相反。

拉镜头是指摄影机离被拍对象越来越远，周围的环境会慢慢浮现，取景范围越来越大，但是被拍对象也会越来越小。比如，从中景变成全景。

拉镜头可以慢慢展现出被拍对象的环境，使画面更丰富、更完整，也可以用于转换场景或者制造一些出乎意料的情节等。

3）摇镜头

摇镜头是指摄影机的位置不动，然后借助三脚架，使摄影机在原地360度旋转拍摄，就类似于一个人站在路中间，然后环顾四周，观察四周的环境，视线从一点移动到另一点。

摇镜头可以更好地展现大场面，扩展视野，视觉信息更丰富，也可以展现对比、并列等特殊关系。

例如，给一排大BOSS摄影时，需要每个BOSS都有个特写，那么这时候镜头就可以从左摇到右，依次特写。

再例如，有两个势均力敌的人物PK，就可以在两个人对立的侧面，从左摇到右，表示并列。如果两个人物一强一弱，那么从强势一方由上摇到下，就可以形成强烈的对比效果，有种恃强凌弱的感觉；反过来，从弱势一方由下摇到上，也可以形成强烈的对比，进一步体现出敌强我弱的特点，配合表情，还可以展现出不畏豪强的英雄气概，或者大敌当前的压迫感等。

4）跟镜头

跟镜头是指摄影机跟着被拍对象移动，被拍摄对象走到哪里，摄影机就跟到哪里，如影随形。

跟镜头可以更好地展现拍摄主体移动时周围环境的变化。在使用跟镜头的时候，可以结合推镜头、拉镜头、移镜头等一起使用。

5）移镜头

跟镜头是被拍对象动，摄影机机位才动。摇镜头是被拍对象不动，摄影机机位也不动。

而移镜头则是不管被拍对象动不动，摄影机的机位都会一直变化，也就是摄影机沿某一方向边移动边拍摄。

例如，将摄影机装在移动轨上，就可以边移动边拍摄，画面非常丰富，具有流动感。

例如，要想展现河边的完整风貌，可以采用移镜头的方式。

6）升降镜头

升降镜头是指摄影机借助升降装置一边升降一边拍摄。

升降镜头一般用于大场面的拍摄，可以展现整体环境，渲染气氛，也可以用来展现高大物体的局部特征等。

7）晃动镜头

晃动镜头是指做一些没什么规律的摇摆拍摄，可以用来拍摄一些地震晃动、头晕、晕车所看到的晃动画面。

拍摄的时候，除了要注意镜头的运动方式，还要注意拍摄镜头的角度。

镜头的角度一般有以下五种。

1）鸟瞰镜头

鸟瞰镜头是指摄影机像小鸟一样在天上飞过，拍到被拍对象正上方的镜头。

例如，拍人正面平躺在床上时，鸟瞰镜头，拍摄到的就是人物的正脸；拍人正在走路时，鸟瞰镜头，拍摄到的就是人的头顶。

2）仰视镜头

仰视镜头是指类似于人抬头仰望时拍到的镜头。这种镜头会显得被拍对象比较高大。如果拍照的时候想要看上去比较高挑，就可以选择仰视镜头。

3）俯视镜头

俯视镜头是指类似于人低头观察时拍到的镜头。这种镜头会显得被拍对象比较弱小。

4）平视镜头

平视镜头是指摄影机处于与被拍对象的眼睛相同的高度进行的拍摄。这种镜头是客观视角下的镜头，也是最常用的。

5）倾斜镜头

倾斜镜头是指类似于人歪着头看时拍到的镜头。这种镜头具有不平衡感，使画面充满不稳定性与不确定性。一般用来表现无所适从、迷茫的心理活动或者面临危机等，制造一种紧张焦虑的感觉。

不同的镜头运动方式和拍摄角度可以避免单一镜头造成的单调乏味。优秀的视频策划，流畅、自然的运镜及合适的取景角度，再加上合理巧妙的镜头组合，才能拍摄出一条精彩的短视频。

6.3.4 使用空镜头

空镜头又称景物镜头，是指影片中的自然景物或场面描写而不出现人物（主要指与剧情有关的人物）的镜头，如图 6.4 所示。

图 6.4 自然景物

空镜头常用来介绍环境背景、交代时间空间、抒发人物情绪、推进故事情节、表达作者态度等，具有说明、暗示、象征、隐喻等功能。在短视频中，空镜头能够产生借物喻情、见景生情、情景交融、渲染意境、烘托气氛、引起联想等艺术效果，在情节的时空转换和调节影片节奏方面也有独特的作用。

空镜头有写景与写物之分，写景空镜头为风景镜头，往往用全景或远景表现，以景做主、物为陪衬，如群山、山村、田野、天空等；写物空镜头又称“细节描写”，一般采用近景或特写，以物为主、景为陪衬，如飞驰而过的火车、行驶的汽车等。如今空镜头已不单纯用来描写景物，已成为影片创作者将抒情手法与叙事手法相结合，来加强影片艺术表现力的重要手段。

空镜头也有定场的作用，如要讲述发生在山林里的一个故事，开篇可以展示山林全景，雾气围绕着小山村，表现出神秘的意境，如图 6.5 所示。

图 6.5　山林全景

6.3.5　移动镜头

动静结合的拍摄，即“动态画面静着拍，静态画面动着拍”。在拍摄正在运动的人或物时，镜头可以保持静止，如路上的行人、车辆等。这类镜头的画面属于动态画面，如果镜头也运动起来，画面将会变得混乱，找不到拍摄的主体，如图 6.6 所示。

图 6.6　路上行人与车辆

当拍摄静止的画面时，如果镜头也处于静止状态会使画面显得单调。拍摄时可以使用滑轨从左到右缓慢移动镜头，或从上到下移动镜头。移动时需要保持平稳，避免拍摄时画面抖动，如图 6.7 所示。

图 6.7 移动镜头

6.3.6 使用分镜头

分镜头可以理解为短视频中的一小段镜头，电影就是由若干个分镜头剪辑而成的。它的作用是用不同的机位呈现不同角度的画面，带给观众不一样的视觉感受，使其更快地理解视频想要表达的主题。

使用分镜头时需与脚本结合，如拍摄一段旅游视频，可以通过“地点 + 人物 + 事件”的分镜头方式展现整个内容，第一个镜头介绍地理位置，拍摄一段环境或景点视频，如图 6.8 所示。

图 6.8 第一个镜头

第二个镜头拍摄一段人物介绍视频，人物可以通过镜头向观众打招呼，告诉观众你是谁，如图 6.9 所示。

图 6.9　第二个镜头

第三个镜头可以拍摄人物的活动，如吃饭或在海边畅玩的画面，如图 6.10 所示。

图 6.10　第三个镜头

6.3.7　绿幕的使用

绿幕是用来抠像的，也就是说，在后期处理的时候要进行抠像合成，所以背景色和被摄物体的颜色要区分开来，就和 PS 的魔棒工具一样，会选中一个颜色进行抠像。

采集图像的摄像机的三原色是红绿蓝，感光芯片的采集也是遵循三原色原理，但是信号的采集是 RGGB，也就是有两份绿色，导致摄像机对绿色最敏感。而且绿色对人眼的刺激也没有那么大。绿色和蓝色是人体肤色最少的颜色，因为一般人的肤色，尤其是我们亚洲人，肤色多为暖色调偏红、偏黄色比较多，因此如果是红幕，人体也会受影响。所以，众多电影在进行拍摄时都会使用绿幕。

1. 用正确的绿幕

要使用不反光的绿幕材料，并寻找“色键绿”和“数字绿”等颜色，这些颜色适合与绿幕一起使用。夜景拍摄时也可以使用蓝幕材料。

2. 将拍摄主体与背景分离

拍摄主体至少离绿幕 6 英尺（1.8 米左右），这样能最大范围地减少散射和绿幕背景上的阴影。

3. 格式的选择

以最高比特率拍摄。10bit 的颜色肯定比 8bit 好，ProRes 422 和 444 也是不错的选项，如果能拍 Raw 则是更佳的选择。

4. 正确曝光背景

分别对前景和背景布打光。均匀地给绿幕打光也很重要。正确的曝光有助于避免绿色光的散射。

5. 减少动态模糊

用更快的快门速度来减少动态模糊，这样有助于拍摄更干净的抠像画面，后期还可以添加动态模糊。

6. 后期剪辑调整

使用后期剪辑软件来实现绿幕抠像，向大家推荐一款超好用的视频剪辑软件——万兴喵影。

思考题

1. 短视频的特点是什么？
2. 短视频的种类包括哪些？
3. 怎么设计短视频策划？
4. 怎样进行短视频拍摄？

第 7 章　短视频后期制作

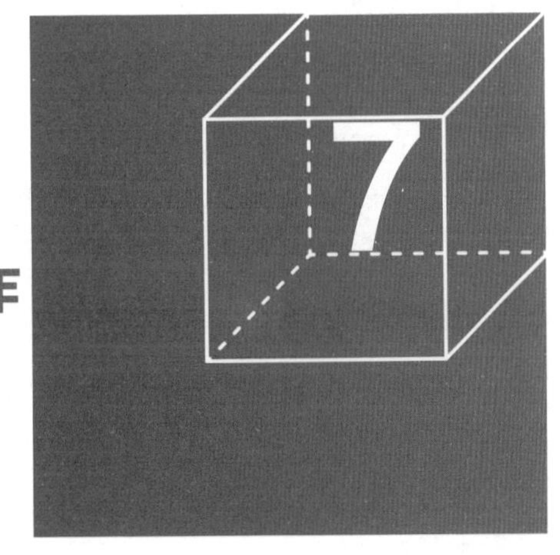

后期制作与摄像一样，有很多关于美学、节奏感、画面感的要求，并不是随随便便剪的视频都能火。后期制作对于摄像来说，就是灵魂。在拍摄的源视频基础上，只有通过优良的后期制作，才能让短视频内容完整、饱满，进而吸人眼球。

扫码获取本章视频文件

7.1　短视频后期处理软件

短视频的重点工作都在后期，后期的重点是剪辑。剪辑的目的是让视频看起来内容更加精练，将不必要的片段取出，同时做好前后的衔接。现在的短视频创作中，很多创作者会把视频的精彩片段截取一部分放在视频的开头，留下吸引人关注的悬念，以提高作品的完播率。本节介绍几种常见的剪辑软件。

7.1.1　剪映

剪映是由抖音官方推出的一款视频编辑工具。可用于短视频的剪辑制作和发布。带有全面的剪辑功能，有多样滤镜和美颜的效果，有丰富的曲库资源。自2021年2月起，剪映支持在手机移动端、Pad端、Mac电脑、Windows电脑全终端使用。

剪映是一款关于视频剪辑的软件，用户可以在这里进行视频的制作和后期处理，功能非常齐全，可以让用户将自己所拍摄的视频制作成大片的效果，并上传到抖音、快手等软件上，如图7.1所示。

导入视频，点击新建项目就可以选择素材进行视频创作。

进入编辑界面后，在屏幕正下方我们会发现剪映的十大功能：剪辑、音频、文本、贴纸、滤镜、特效、比例、背景、调节、美颜。

剪辑功能：在剪辑中，我们可以对视频进行基础操作，包括分割、变速、旋转、倒放等。

音频功能：在抖音的视频中，BGM（背景音乐）是非常重要的一项元素。我们可以选择剪映中内置的音乐，也可以导入自己喜欢的音乐。

文本功能：剪映内置了丰富的文本样式和动画，操作简单，输入文字后动动手指即可轻松达到自己想要的效果。手动输入，点击新建文本就可以添加字幕。自动识别，在剪映中如果不想手动输入字幕，也可以自动识别视频中的声音。

贴纸功能：在剪映中使用贴纸特效，将漂亮的贴纸贴在事物表面可以进行装饰点缀，增强视频美观效果。

图 7.1 剪映

滤镜功能：剪映中内置了 7 类 34 种风格的滤镜，可以满足大多数视频场景下的使用需求。

特效功能：剪映中还内置了 6 大类合计 91 种特效供用户选择使用。

比例功能：剪映中可以直接调整视频比例及视频在屏幕中的大小。

背景功能：剪映把背景当成了视频的画布，用户可以调整画布的颜色和样式，也可以上传自己满意的图片当作背景。

调节功能：用户可以通过调节亮度、对比度、饱和度、锐化、高光、阴影、色温、色调、褪色来剪辑视频。

美颜功能：在剪映中，可以对视频进行磨皮和瘦脸操作。

7.1.2 巧影

图 7.2 巧影

巧影为剪辑中的视频、图像、贴图、文本、手写提供多图层操作功能。逐帧修剪、拼接和切片，实时预览，色调、亮度和饱和度控制，视频剪辑速度控制，声音渐弱渐强（整体），音量包络（视频剪辑中对时刻音量的精确控制），过渡效果（三维过渡、擦除、淡入淡出等）各种主题、动画和视频及音频效果，如图 7.2 所示。

7.1.3 Videoleap

Videoleap 是一款 iPhone 可以轻松制作创意视频的应用软件，做到了易用性和专业性的平衡。此款软件简单易上手，应用的编辑功能强大，无论想制作什么效果，都可以实现。

Videoleap 的亮点在于创作性很强，对于一位拥有灵感或经验的使用者，这款软件的视频编辑功能能帮助你完成比“加滤镜”更有创意的设计，从素材混合，到蒙版、特效、字幕、色调、配乐、转场动画等，通过这款编辑应用程序，你可以将头脑中的想法在手机上变成一段精美的 MV。

Videoleap的混合器相当厉害，可以将图片与视频、图片与图片、视频与视频，叠加在一起，制作出另外一种神奇的超现实主义效果，利用叠加图像，与双曝光能做出惊艳的iPhone艺术照相比，有着异曲同工之妙，如图7.3所示。

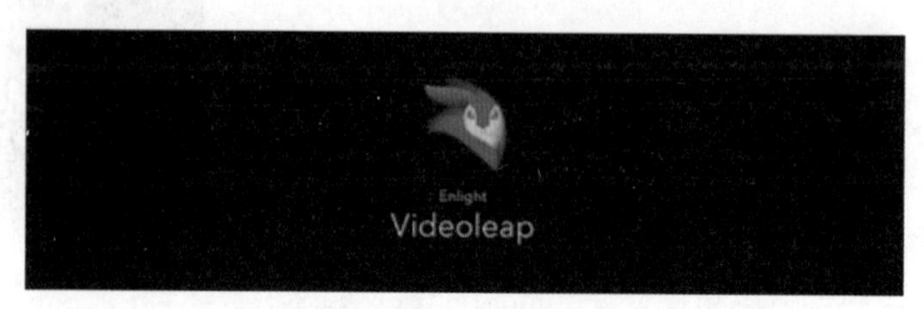

图7.3 Videoleap

7.1.4 VUE vlog

VUE是iOS和Android平台上的一款vlog社区与编辑工具，允许用户通过简单的操作实现vlog的拍摄、剪辑、细调和发布，记录与分享生活。还可以在社区直接浏览他人发布的vlog，并与视频博主互动。

随着手机摄像技术的发展，越来越多的人开始使用手机拍照和摄像。摄像一般来说要比拍照门槛高，但是视频传播的信息量又远大于照片。VUE就诞生在这样的背景下，希望使用拍照一样简单的操作，帮助用户在手机上拍摄精美的短视频。

分镜头：通过点按改变视频的分镜数实现简易的剪辑效果，而剪辑能够让视频传达更多的信息；实时滤镜：由电影调色专家调制的12款滤镜供选择，切换至前置摄像头会出现自然的自拍美颜功能。

贴纸：支持40款手绘贴纸，还可以编辑贴纸的出现时间；自由画幅设置：支持1∶1、16∶9、2.39∶1三种画幅的视频拍摄。

分享：支持分享至社交网络，如图7.4所示。

图7.4 VUE vlog

7.2 视频素材的基本处理

拍摄一个优秀的视频，它的素材片段一定不能少。素材处理的专业程度如何直接影响到最终视频效果的表达。本节介绍一些基本的视频素材操作方法。

7.2.1 视频初始参数的设置

1. 分辨率

720p：如果你制作的是短视频，而且只是在手机上播放观看，一般 720p 的分辨率就可以。现在的某音、某手这些视频平台的 720p 优化反而更好，看起来也更清晰，所以分辨率 720p 就适用于手机。

1080p：适合在手机及电视、计算机这些大尺寸屏幕上观看。

2K、4K：不推荐使用 2K、4K 的分辨率，可能会导致你的计算机后期剪辑效果不好，需要更换更好的计算机。以外，还需要注意的是：大部分的视频平台没有那么大的服务器能够上传分辨率这么高的视频，它会自动帮你压缩下去，所以不建议使用 2K、4K 的分辨率。

2. 帧率

帧率表示了视频画面的流畅度和动态表现能力。如果拍摄的视频后期需要放慢（升格画面），帧率就要调高；不需要放慢，帧率就调低一些，例如 24fps/25fps。

3. 码率

码率只要取合适的一个值，之后直接统一用这个数值就可以，看不出有很大的差别。

7.2.2 添加不同类型的素材

1. 节目画面素材

画面素材包括：画面优美的素材、内容珍贵的素材。

1）画面优美的素材

最好的素材是胶片拍摄转磁带的。我们在各种形象片中见到的大多数是“胶片素材”，其次是高清数字机拍摄。常见的有“故宫”“钟鼓楼”。

2）内容珍贵的素材

内容珍贵的素材是指很难找到的素材，如开国大典、东方红等。

2. 背景音乐素材

目前常用的背景音乐如下。

1）《豪勇七蛟龙》

《豪勇七蛟龙》（*The Magnificent Seven*）为大型颁奖晚会最喜欢用的背景音乐，伯恩斯坦作曲。

2）故乡的原风景

电视剧《神雕侠侣》多次引用，哀伤感人。出自日本作曲家宗次郎 1991 年的专辑《木道》。

3）《渔舟唱晚》

《渔舟唱晚》为中央电视台《天气预报》主题曲（即天气预报背景音乐），是当年在上海颇有名气的电子琴演奏家浦琪璋根据同名民族乐曲改编演奏的。

4）《简单的礼物》

《简单的礼物》（*Simple Gifts*）为美国 VOA 广播电台的 SPECIAL ENGLISH（慢速音乐）节目的背景音乐。

5）《雪的梦幻》

《雪的梦幻》（*Snow dreams*）出自班德瑞的《春野》这张专辑。经典的纯音乐，被电台和电视台使用数次，常在一些情感类（尤其爱情，有一点淡淡的哀伤）的节目中充当背景音乐。

3. 片头效果模板素材

大家都知道制作片头是一个很复杂的工作，费用也不低。片头模板可以解决这个问题。就是制作好的片头动画工程文件，可以拿来换上你的素材，直接生成就可以了。

7.2.3 裁剪视频尺寸

1. 使用 App 端软件“微商视频助手”

微商视频助手是一款功能丰富的视频制作 App，它可以帮助我们实现高效、省时的视频制作和编辑，提高我们在视频制作方面的处理效率。同时，这款软件还提供了其他特色的功能，如书单视频、提词器、特效字幕、图片流动及 GIF 制作等功能，这些特色功能能够满足我们在日常生活、工作中的多种使用需求，提高我们的创作效率。

打开软件进入应用首页，选择“画面裁切”功能，上传视频文件后，会自动跳转至操作界面。我们可以看到在界面下方罗列了多个视频画面裁切比例的模板，其中包含了一些媒体平台的比例模板，我们可以根据自己的裁切需求进行选择。

视频画面尺寸裁切的比例确定后，还可以根据创作的需求，进行画面的垂直翻转和左右翻转，增加视频剪辑的趣味性，创作不一样的视频；一系列的调整完成后，即可点击“完成”按钮导出视频。

2. 使用 App 端软件“无痕去水印”

“无痕去水印”是一款功能多样的水印处理软件，它可以实现图片和视频的水印添加、去除，帮助我们快捷方便地处理图片和视频的水印。同时，这款软件还能够帮助我们进行图片编辑、人像抠图、物品抠图、提词器及修改 MD5 等的操作，满足我们不同的创作需求。

打开软件，在功能首页找到“视频剪辑”功能，选择视频文件，待上传完成后跳转至操作界面；向左拖动下方操作功能栏，找到“画面比例”调整按钮，点击进入调整界面；根据自己的创作需求，选择调整的视频画面比例，完成后导出视频即可。

3. 使用 PC 端软件“一键剪辑”

“一键剪辑”是一款功能简捷的视频剪辑工具，它可以进行视频画面裁切、视频截取、视频合并及视频转换等操作，帮助我们快捷地进行视频的剪辑，提高我们的剪辑效率。此外，它还提供了音频转换、视频加水印及视频音频提取等功能。

安装并打开软件，在软件首页找到“画面裁切”功能，点击进入功能操作页面；将视频文件拖入窗口，或点击下方的“添加视频”按钮上传视频；进入操作界面后，可直接在右下方的裁剪比例模板中选择一个比例，也可手动输入原点坐标、大小等进行裁切的调整；完成后，点击“立即裁切”按钮导出视频即可。

7.3 视频剪辑

视频剪辑是使用软件对视频源进行非线性编辑，加入的图片、背景音乐、特效、场景等素材与视频进行重混合，对视频源进行切割、合并，通过二次编码，生成具有不同表现力的新视频。

7.3.1 调整视频排列方式

打开剪映软件，单击“导入”视频框，单击新建项目就可以选择素材进行视频创作，如图 7.5 所示，导入原始素材后，拖曳视频至编辑区域，添加预备调整视频，将视频置于编辑区域可进行及时修改，如图 7.6 所示。

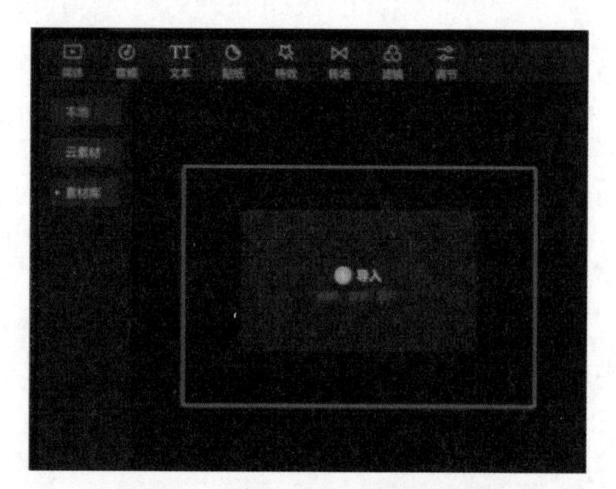

图 7.5　单击“导入”视频框

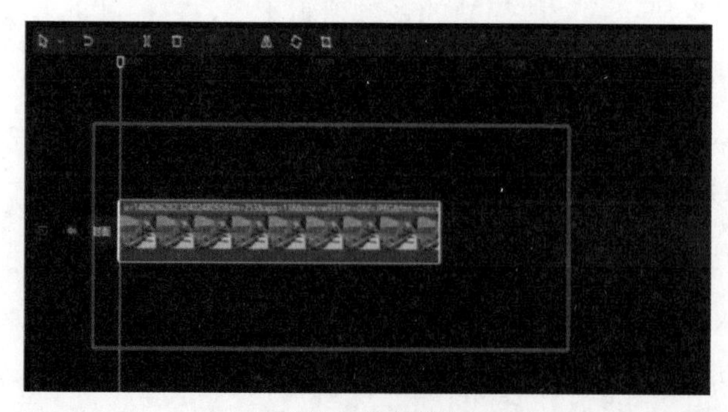

图 7.6　添加视频

单击下面的剪辑，如图 7.7 所示。选择编辑面板中的分割，进行分割视频，长按视频的片段，移到前面或后面即可，如图 7.8 所示。

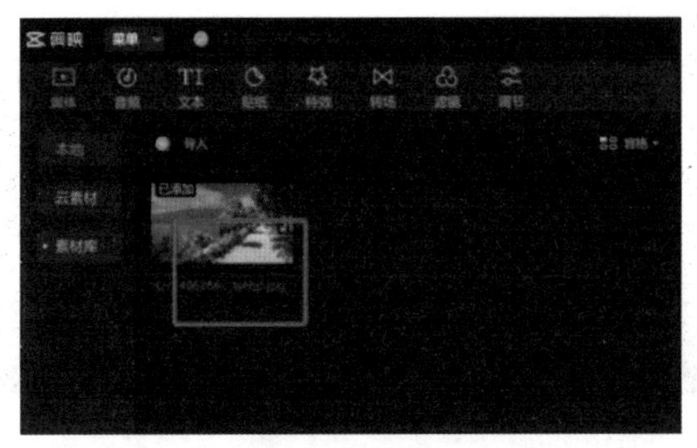

图 7.7 剪辑

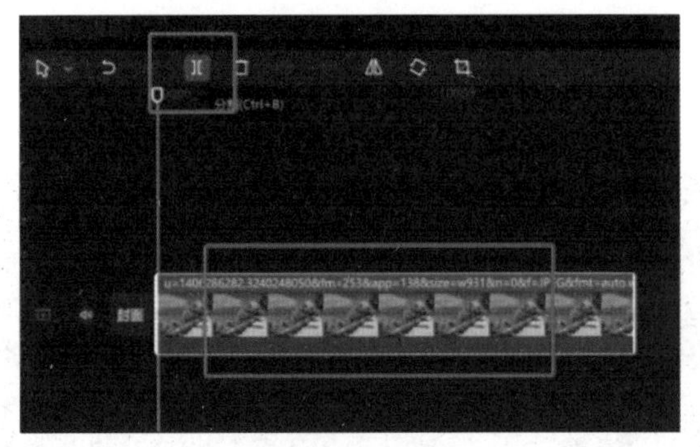

图 7.8 分割视频

7.3.2 复制与删除

1. 复制

在剪映页面，单击“导入”视频框，如图 7.9 所示。鼠标右击视频段，添加预备调整视频，选择粘贴视频的位置，单击复制。如图 7.10 所示。在剪映页面，单击视频，选择视频段，右击鼠标，单击“粘贴”按钮，即可完成本次内容的复制，如图 7.11 所示。

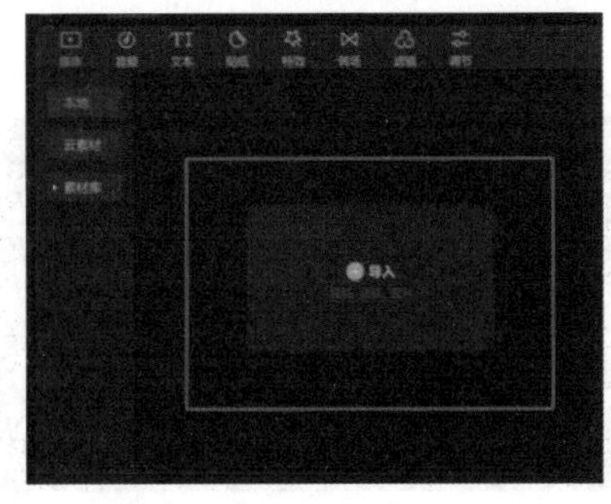

图 7.9 单击“导入”视频框

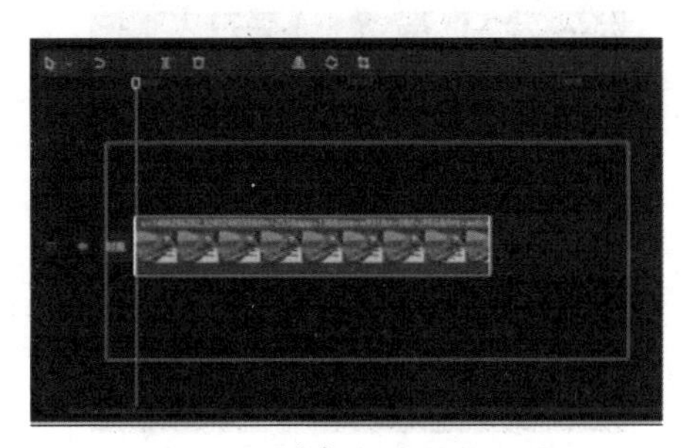

图 7.10 选择粘贴视频位置

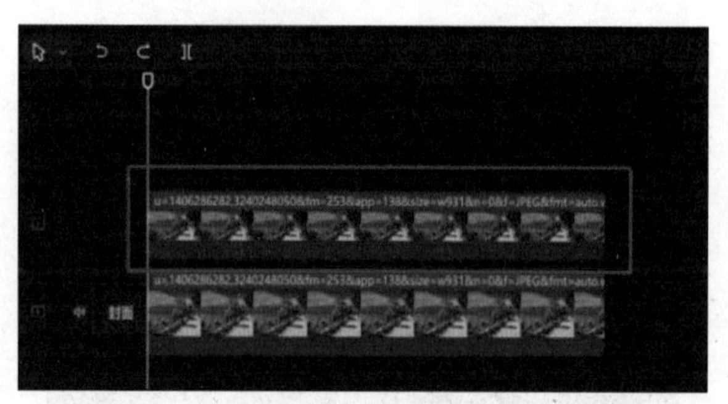

图 7.11　复制视频

2. 删除

在剪映页面，右击鼠标，在编辑界面单击下方的“删除”按钮，即成功删除本次内容，如图 7.12 所示。

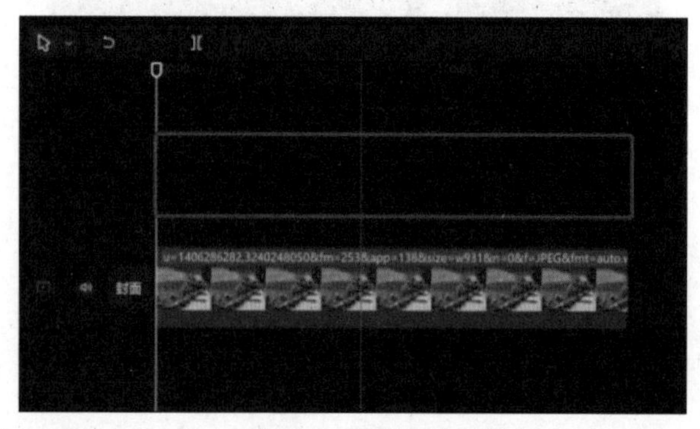

图 7.12　删除视频

7.3.3　拆分与重组

1. 拆分

打开剪映软件，单击“导入”视频框，如图 7.13 所示。添加预备调整视频，如图 7.14 所示。单击剪辑，单击图片中的分割框，将视频拆分，如图 7.15 所示。

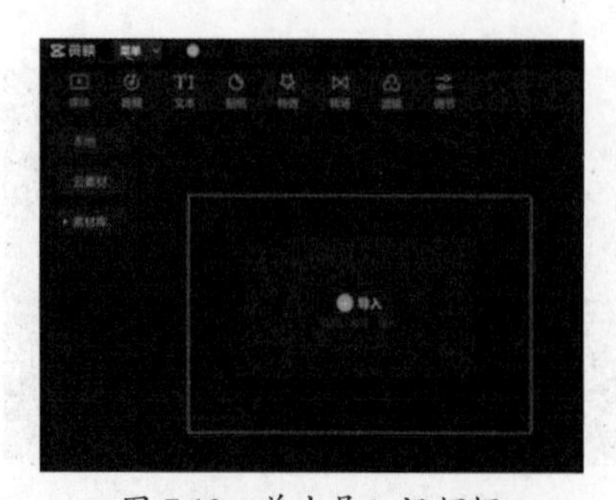

图 7.13　单击导入视频框

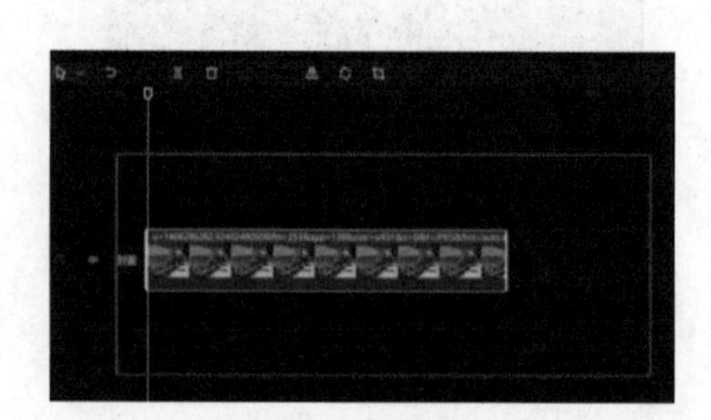

图 7.14　添加视频

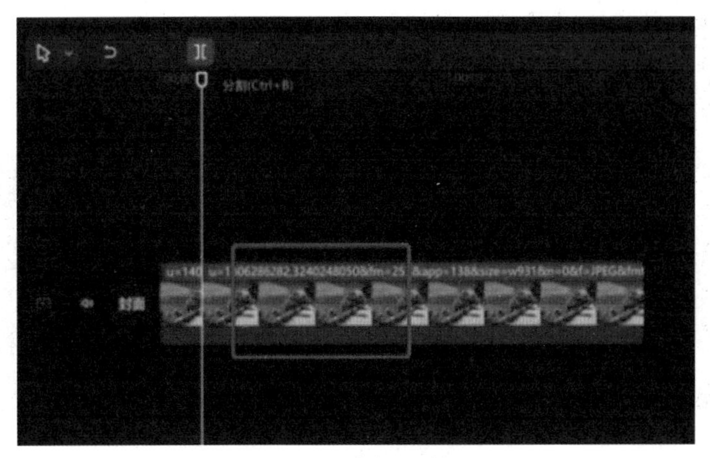

图 7.15　单击分割框

2. 重组

打开剪映软件，单击“导入”视频框，剪辑视频需要重组，此时可以单击“导出”按钮，即可将两段视频片段合并，如图 7.16 所示。

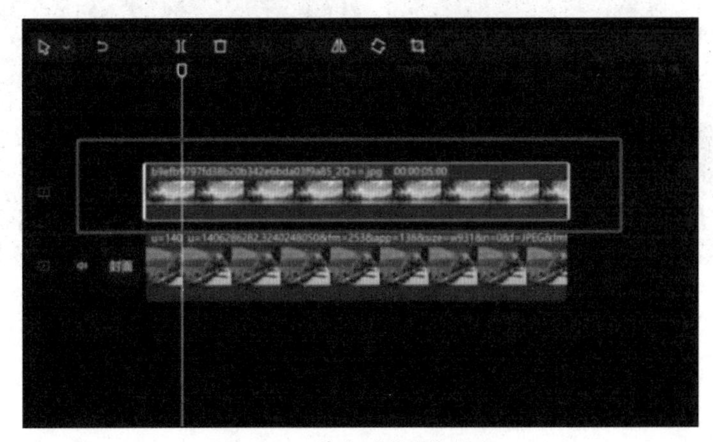

图 7.16　单击“导出”按钮

7.4　视频变速

打开剪映软件，单击“导入”视频框，单击新建项目就可以选择素材进行视频创作，如图 7.17 所示。添加预备调整视频，如图 7.18 所示。将视频素材导入，选择变速，如图 7.19 所示。最后单击“变速”选项，如图 7.20 所示。

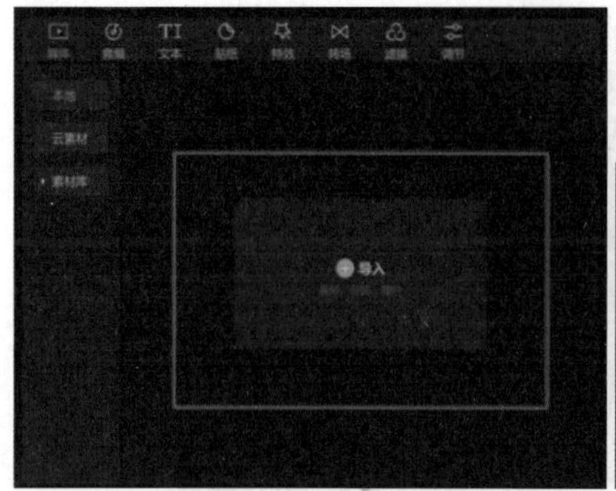

图 7.17 单击“导入”视频框

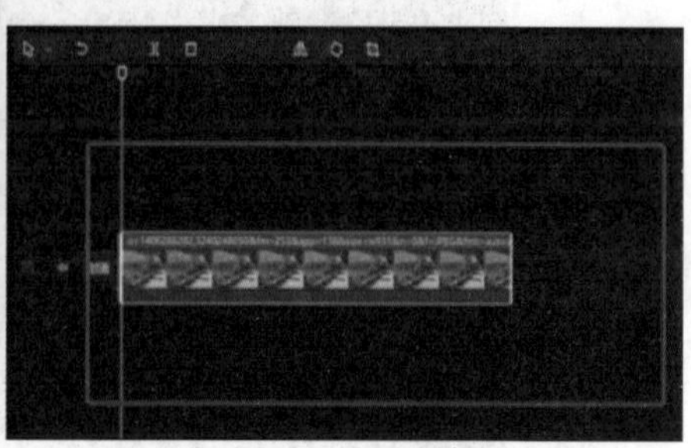

图 7.18 添加视频

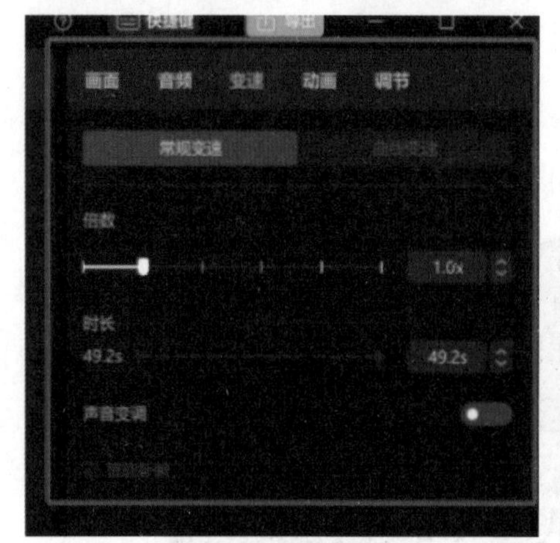

图 7.19 选择变速

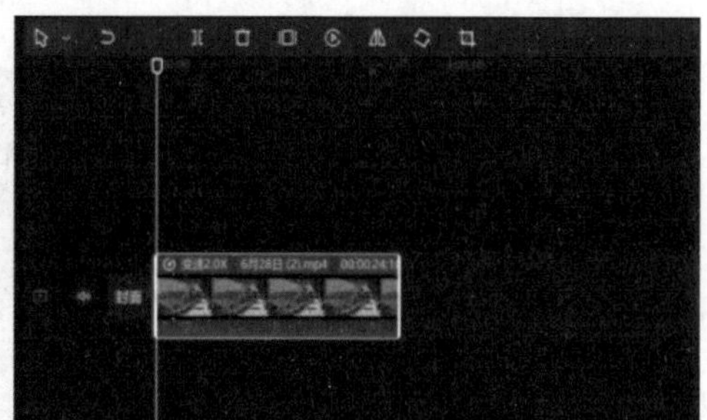

图 7.20 单击“变速”选项

7.5 蒙版应用

打开剪映软件，单击“导入”视频框，单击新建项目就可以选择素材进行视频创作，如图 7.21 所示。添加预备调整视频，如图 7.22 所示。导入视频素材，进入主页面后，选中下方工具栏中的“蒙版”，如图 7.23 所示。进入“蒙版”页面，可以选择不同风格的蒙版。可选择自己喜欢的蒙版，如爱心版，如图 7.24 所示。

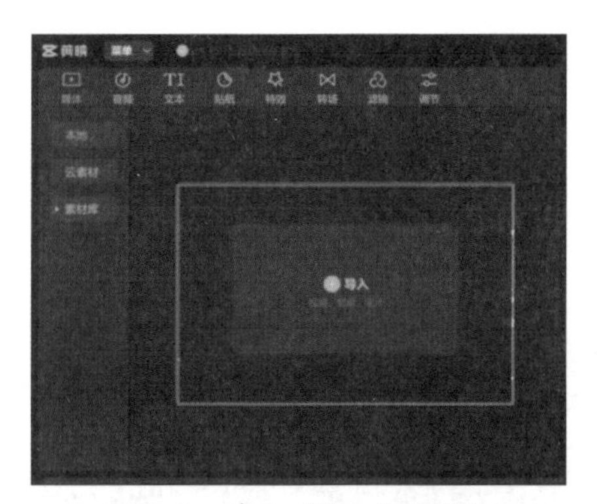

图 7.21　单击“导入”视频框

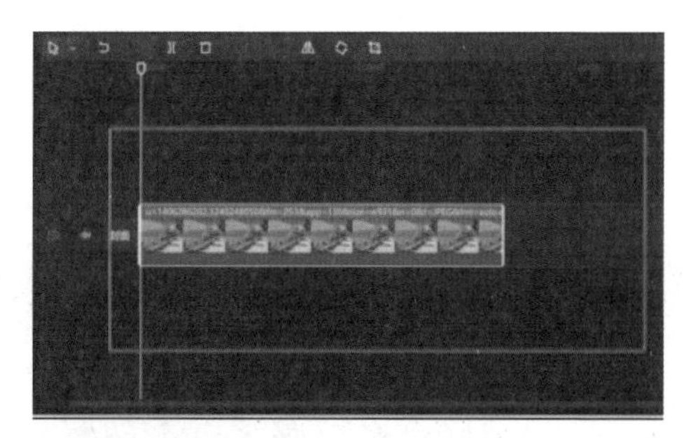

图 7.22　添加视频

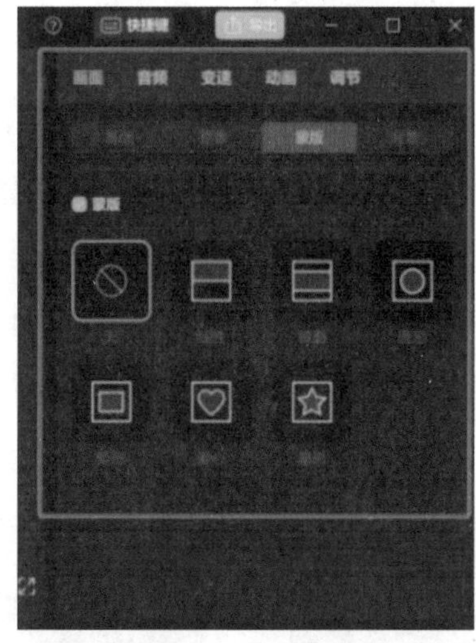

图 7.23　导入素材

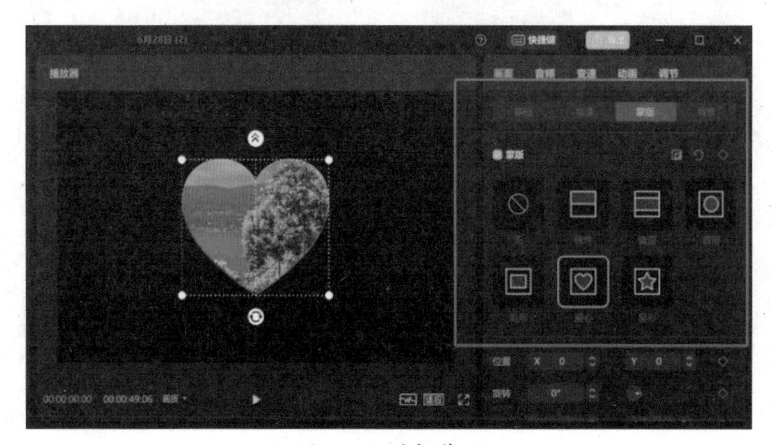

图 7.24　选择蒙版

7.6　视频调色

打开剪映软件，单击“导入”视频框，单击新建项目选择素材进行视频创作，如图 7.25 所示。添加预备调整视频，如图 7.26 所示。

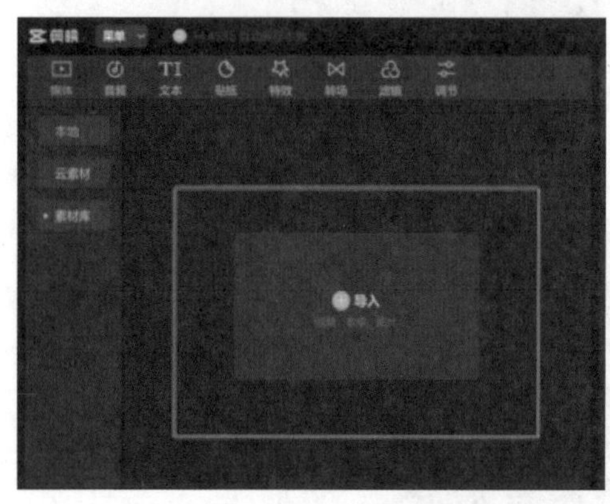

图 7.25　点击“导入”视频框

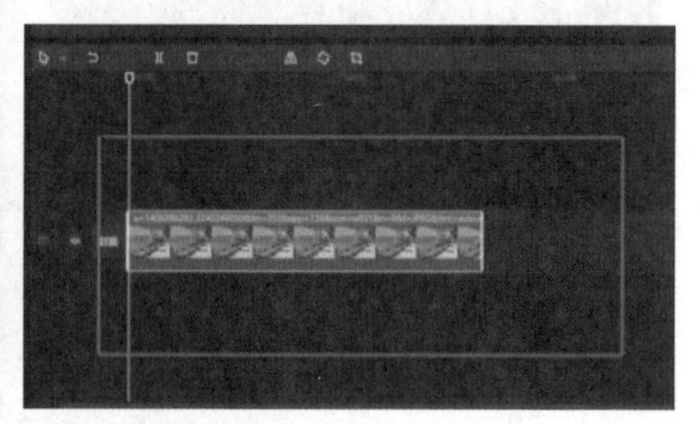

图 7.26　添加视频

导入要调色的素材，单击视频素材，选择调节，如图 7.27 所示。选择右侧面板调节色彩，再从 HSL 中选择视频基色，调整色相，如图 7.28 所示。选择调整色轮，如图 7.29 所示。

图 7.27　导入素材

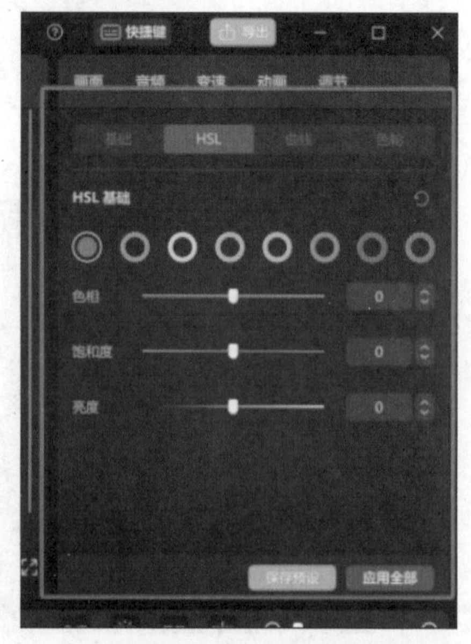

图 7.28　选择视频基色

图 7.29　调整色轮

7.7　添加转场

打开剪映软件，进入剪辑主页，单击“导入”视频框，如图 7.30 所示。添加预备调整视频，如图 7.31 所示。

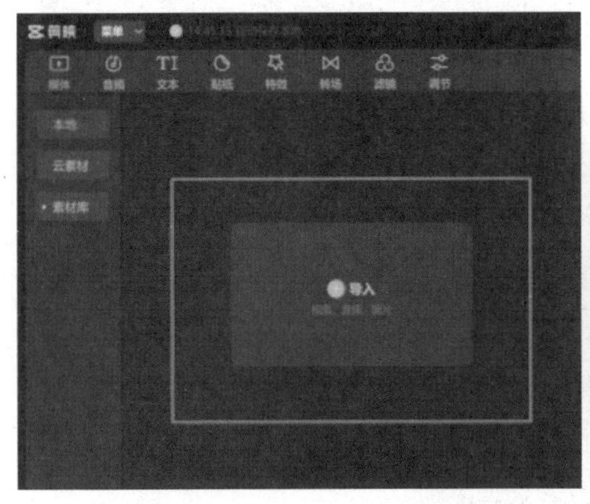

图 7.30　单击“导入”视频框

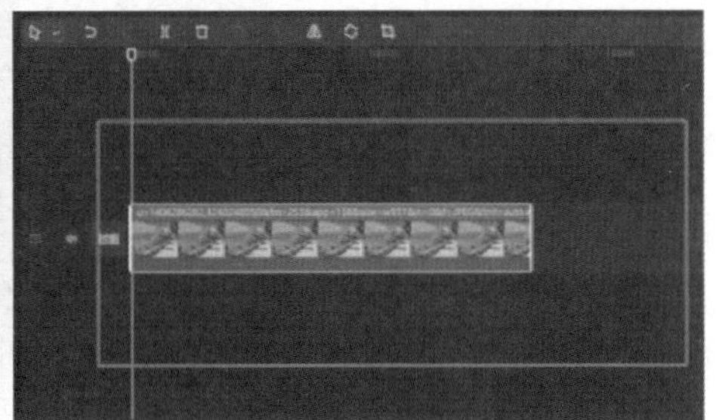

图 7.31　添加视频

进入视频编辑页面后，单击转场，出现不同风格的转场特效，如图 7.32 所示。选择自己想要的特效，调整每个转场的时长，导出视频即可，如图 7.33 所示。

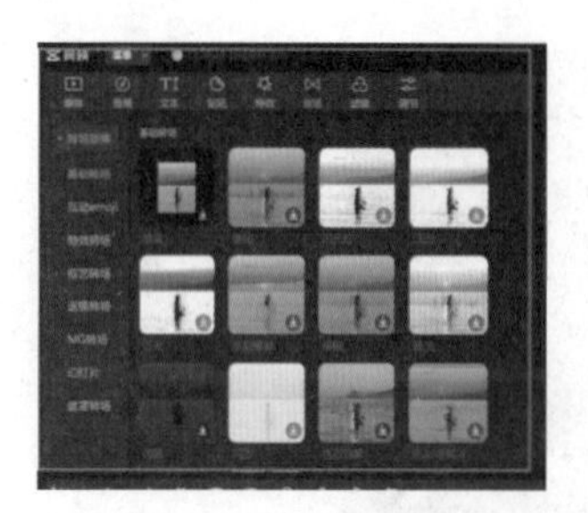

图 7.32　已添加片段

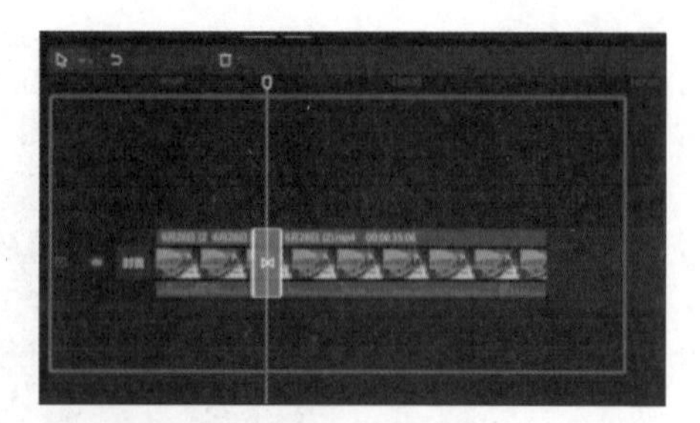

图 7.33　添加转场

7.8　添加音频

7.8.1　添加背景音乐及音效

（1）打开剪映软件，进入剪映主页，单击“导入”视频框，单击新建项目选择素材进行视频创作，如图 7.34 所示。添加预备调整视频，如图 7.35 所示。单击“音效”按钮，进入音效页面，如图 7.36 所示。

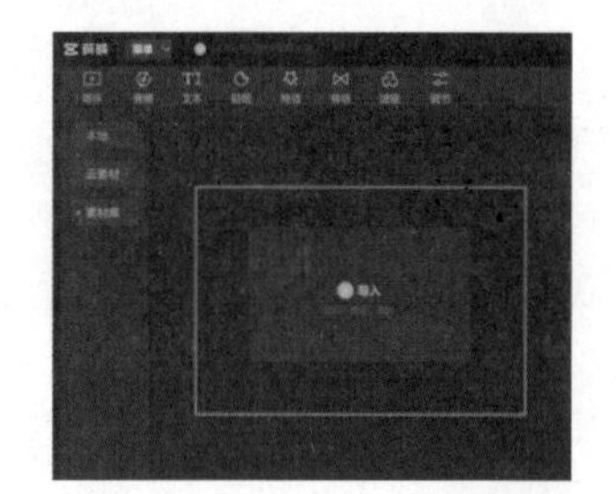

图 7.34　单击“导入”视频框

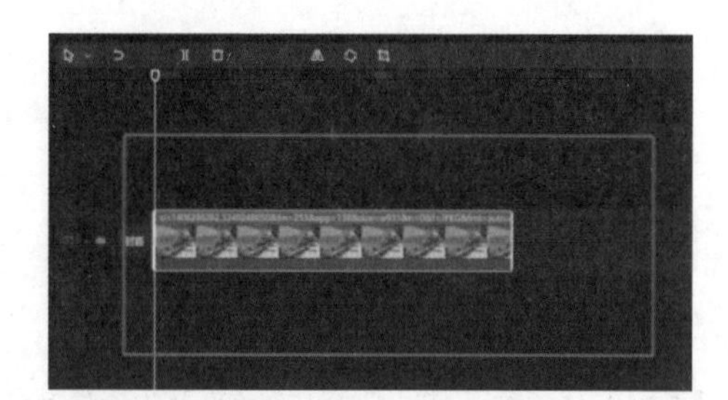

图 7.35　添加视频

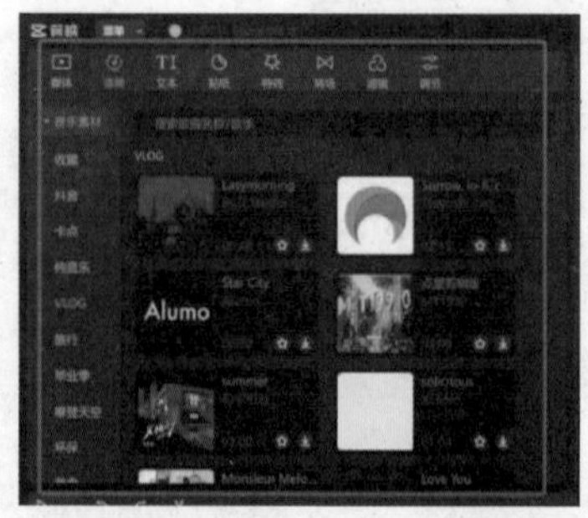

图 7.36　单击“音效”按钮

（2）添加音效，查看左上部音乐框，下拉至下部编辑框，单击试听喜欢的音效，使用即可，如图 7.37 所示。

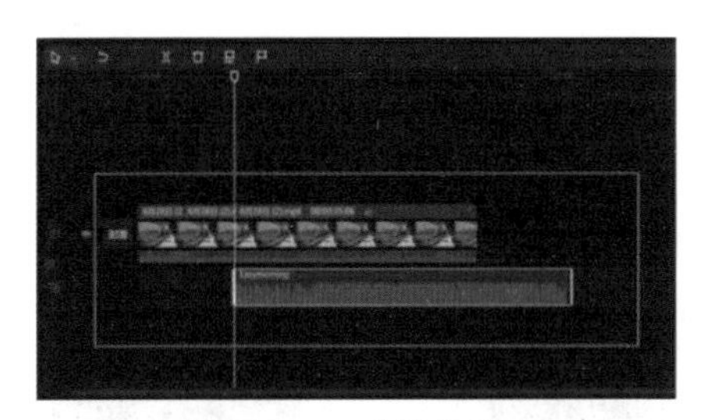

图 7.37 选择音效

7.8.2 调节音量

（1）打开剪映软件，执行单击“导入”视频框，单击新建项目选择素材进行视频创作，如图 7.38 所示。将需要剪辑的视频下拉至下部编辑框中，添加预备调整视频，如图 7.39 所示。

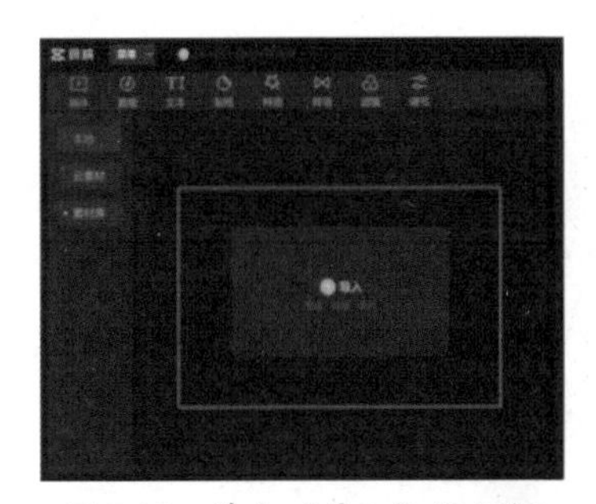

图 7.38 单击“导入”视频框

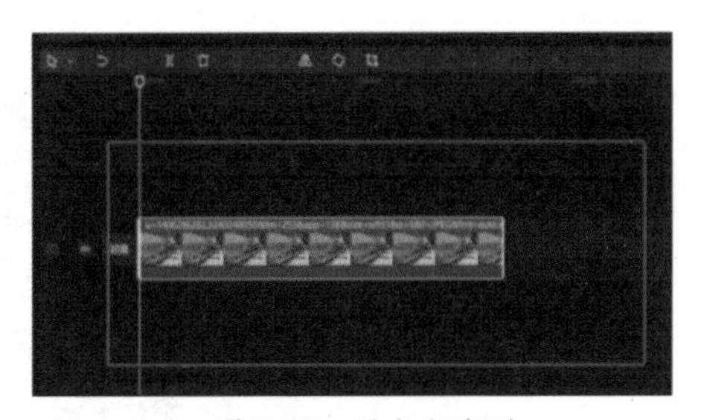

图 7.39 添加视频

（2）单击“音量”按钮，单击页面下方的音量图标，如图 7.40 所示。调整音量，拖动滑块调整音量，完成后单击对号图标，然后导出视频即可，如图 7.41 所示。

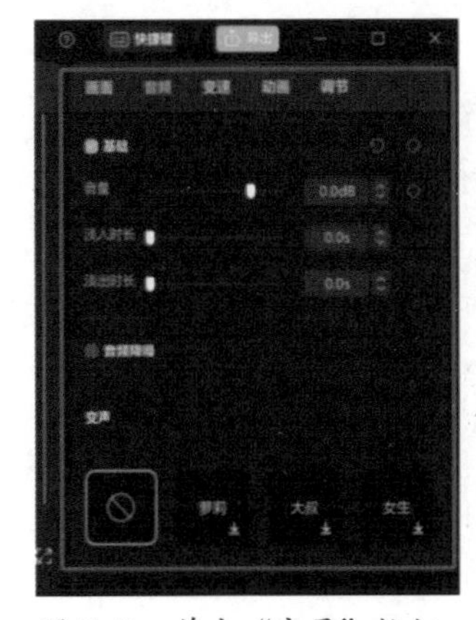

图 7.40 单击“音量”按钮

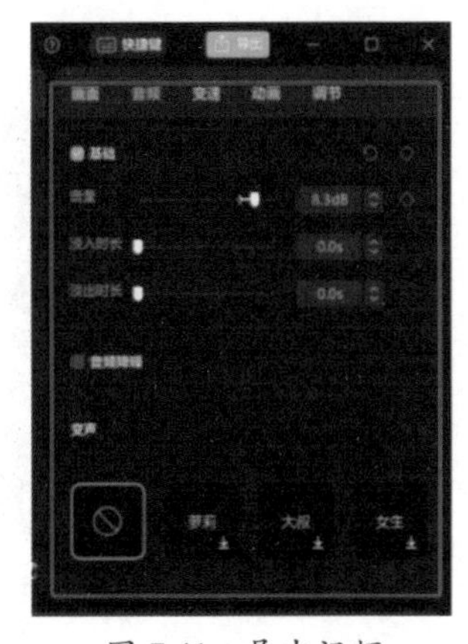

图 7.41 导出视频

7.8.3　音频效果

（1）打开剪映软件，单击“导入”视频框，单击新建项目选择素材进行视频创作，如图 7.42 所示。添加预备调整视频，如图 7.43 所示。单击工具栏中的“音频”菜单，如图 7.44 所示。

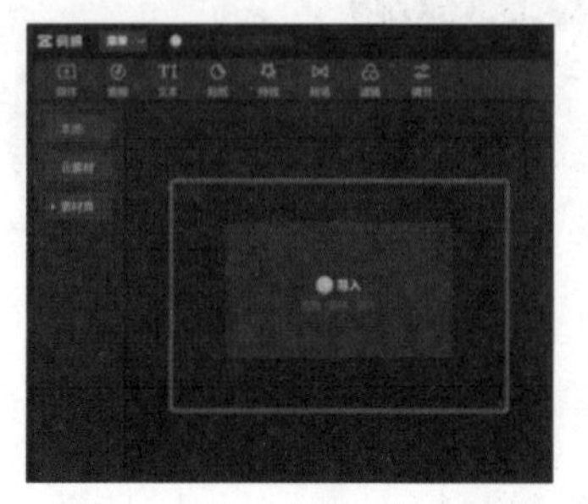

图 7.42　单击“导入”视频框

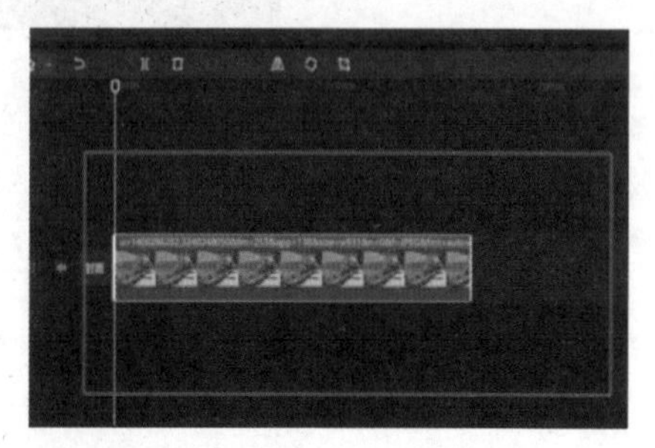

图 7.43　添加视频

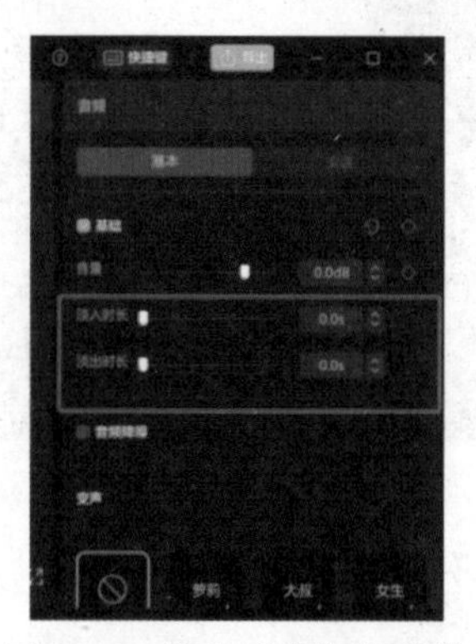

图 7.44　单击“音频”菜单

（2）在搜索框中，搜索添加音效库中的音效，添加音效，如图 7.45 所示。

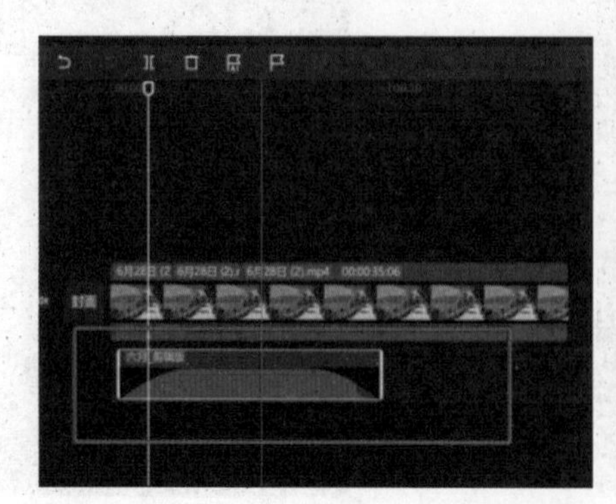

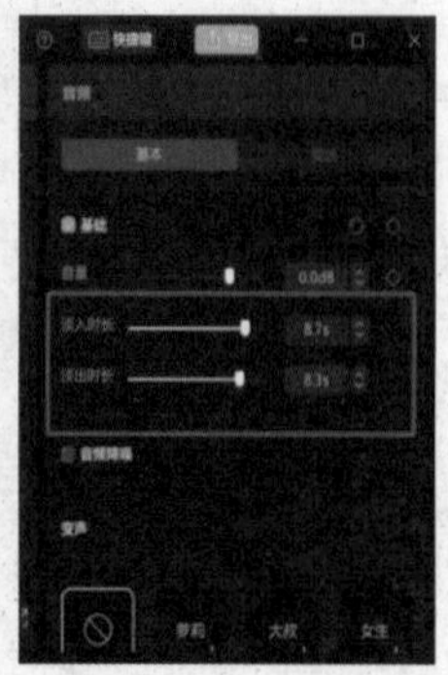

图 7.45　添加音效

7.8.4 分割音频

（1）打开剪映软件，单击“导入”视频框，单击新建项目选择素材进行视频创作，如图 7.46 所示。

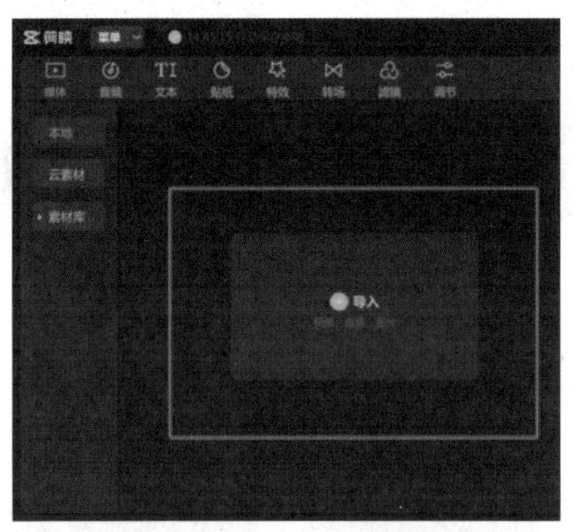

图 7.46 单击“导入”视频框

（2）添加预备调整视频，如图 7.47 所示。进入“剪辑”界面，单击“返回”按钮，在下方的功能栏单击剪辑，调整不同坐标位置，单击分割即可将音频文件分割，如图 7.48 所示。

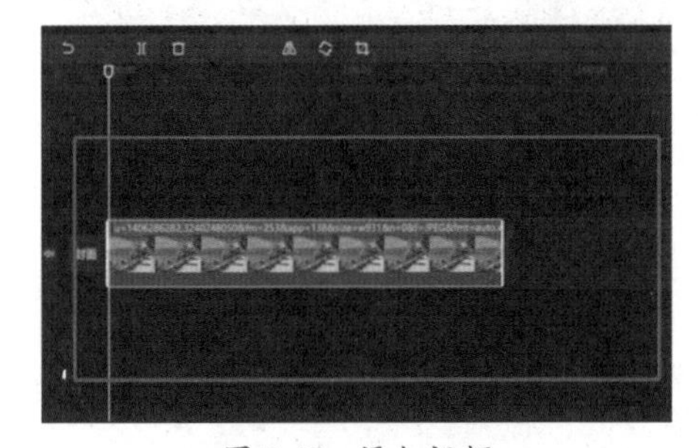

图 7.47 添加视频

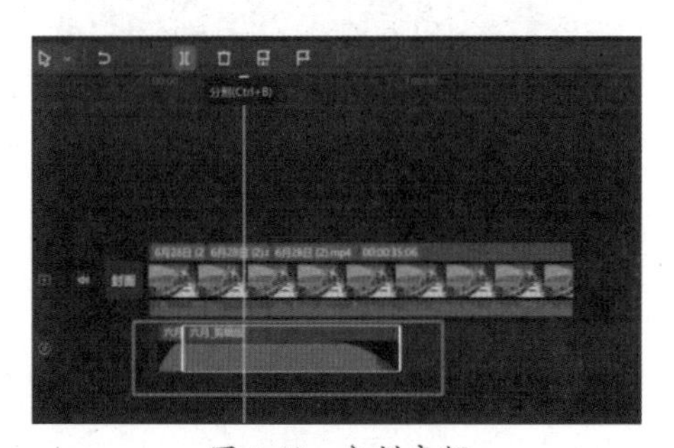

图 7.48 分割音频

7.9 添加字幕

（1）打开剪映软件，单击“导入”视频框，单击新建项目选择素材进行视频创作，如图 7.49 所示。添加预备调整视频，如图 7.50 所示。

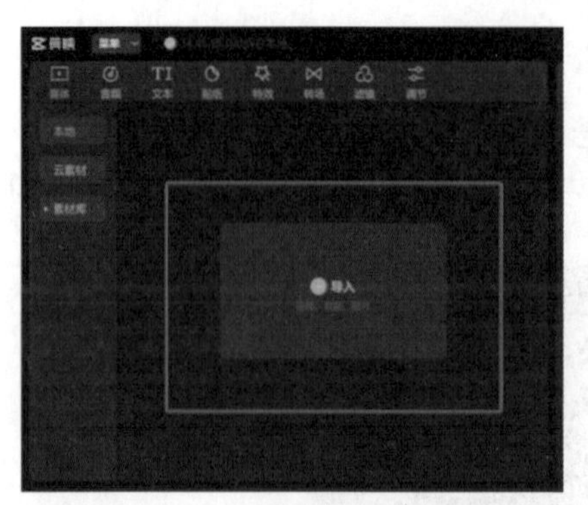

图 7.49　单击“导入”视频框

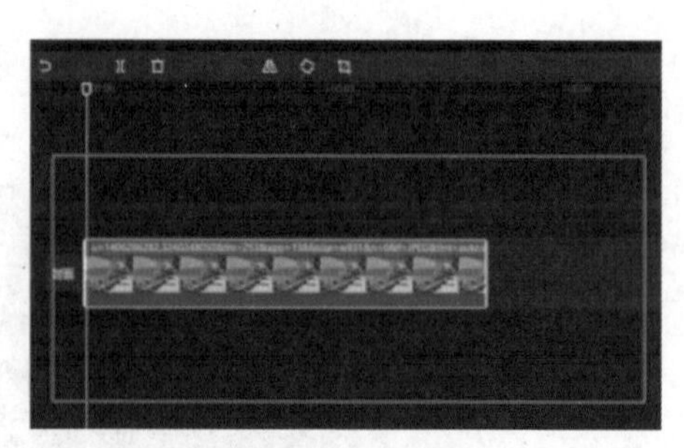

图 7.50　添加视频

（2）导入视频后，单击左上角“文本”按钮，选中下方编辑栏中的文字，如图 7.51 所示。单击识别字幕，在出现的界面内单击“开始识别”按钮，即可成功在剪映上添加字幕，如图 7.52 所示。

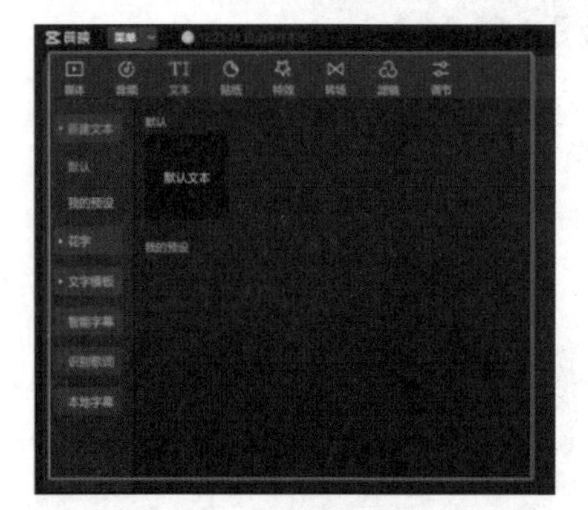

图 7.51　单击文字

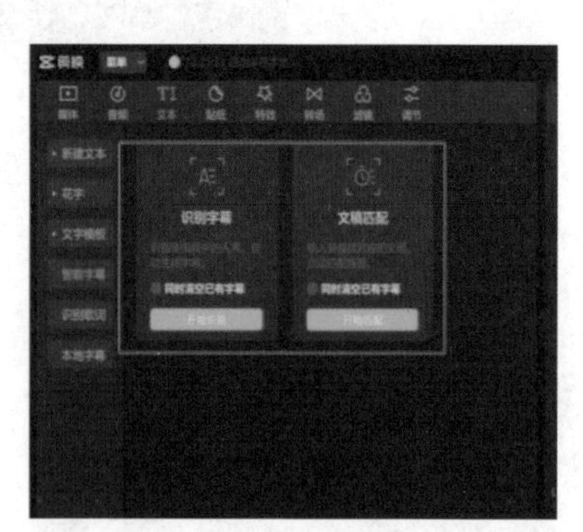

图 7.52　添加字幕

7.10　添加特效

给视频添加各种特效的目的是让我们的视频展现更多的视觉效果。特效的种类也十分多样，不同的特效需要不同的技术水平和工具去展现。

（1）打开剪映软件，单击“导入”视频框，单击新建项目选择素材进行视频创作，如图 7.53 所示。

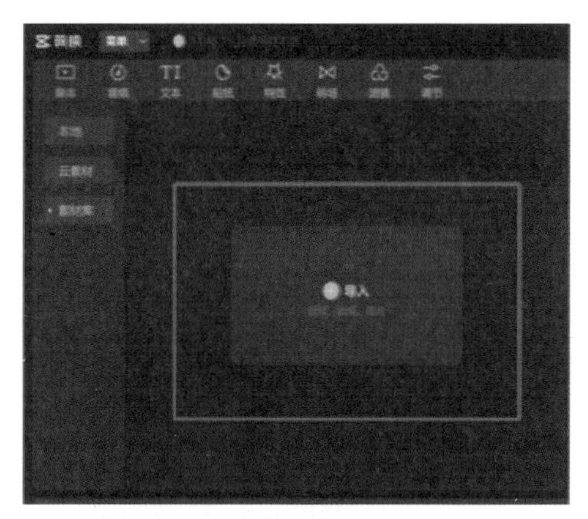

图 7.53　单击“导入”视频框

（2）添加预备调整视频，如图 7.54 所示。进入“剪辑”界面，单击“特效”按钮，如图 7.55 所示。选择一个合适的特效进行添加，如图 7.56 所示。

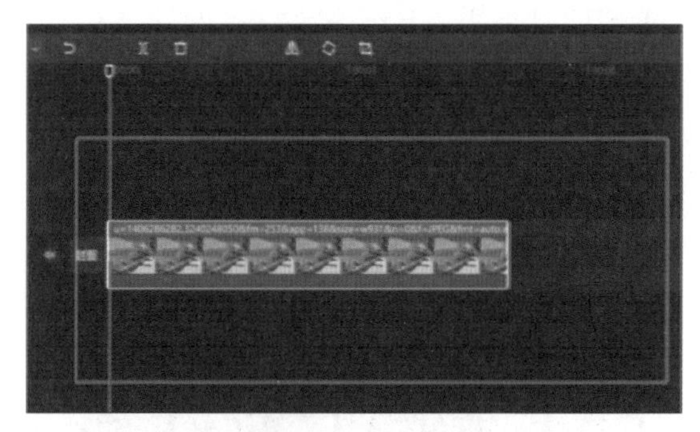

图 7.54　添加视频

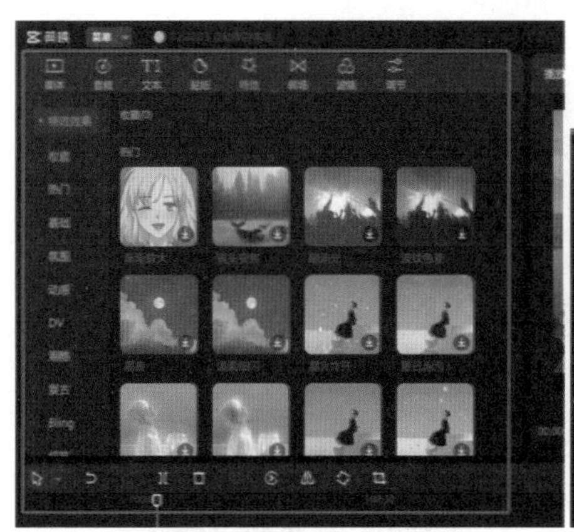

图 7.55　单击“特效”按钮

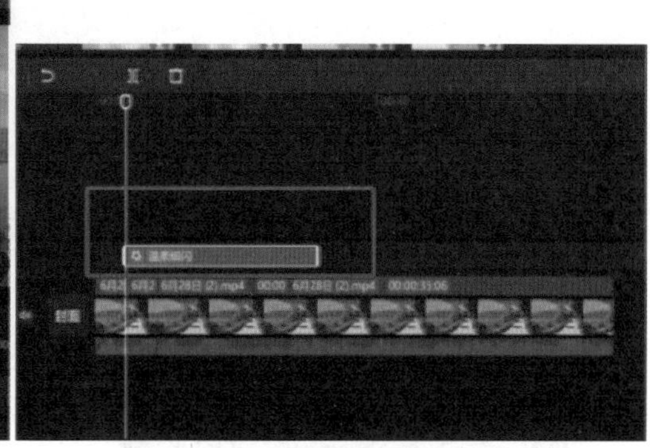

图 7.56　添加特效

7.11 导出成片

（1）打开剪映软件，单击“导入”视频框，单击新建项目选择素材进行视频创作，如图 7.57 所示。

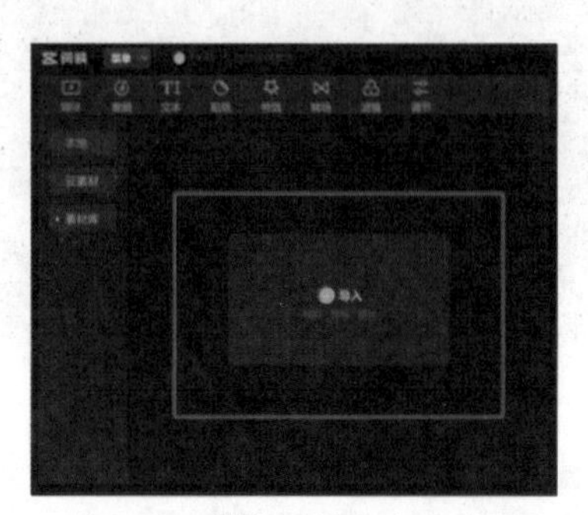

图 7.57 单击“导入”视频框

（2）添加预备调整视频，如图 7.58 所示。

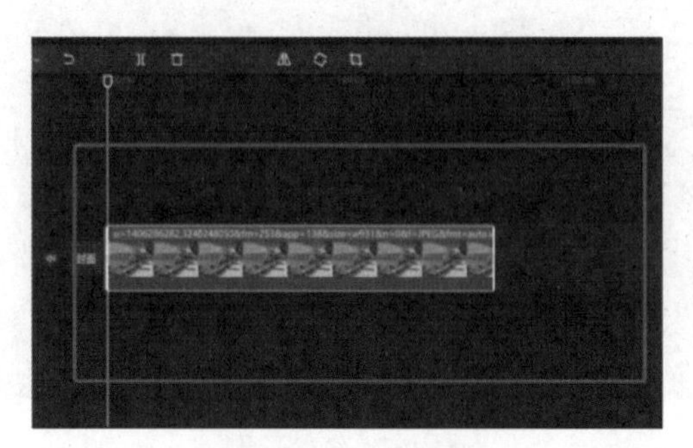

图 7.58 添加视频

（3）打开剪映页面，单击“一键成片”按钮，编辑特效，设置成功后，如图 7.59 所示。单击“导出”按钮，进入页面单击右上角“导出”图标，如图 7.60 所示。最终视频效果如图 7.61 所示。

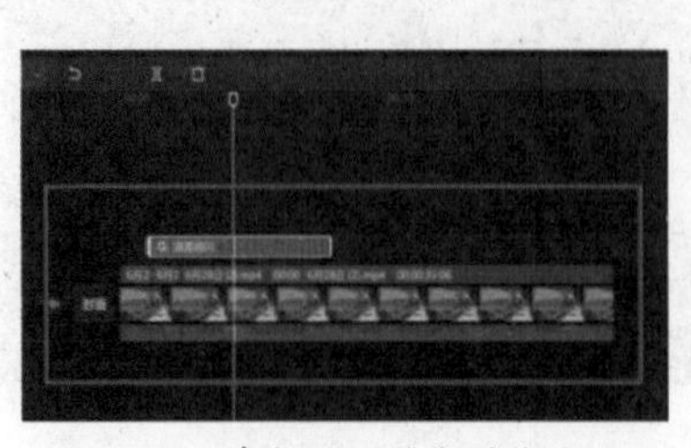

图 7.59 单击“一键成片”按钮

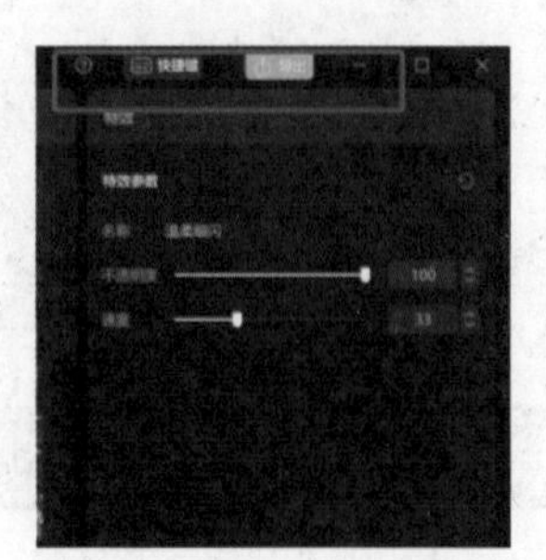

图 7.60 单击“导出”图标

图 7.61 视频效果

思考题

1. 除了本书中提及的短视频后期处理软件，你还知道哪些短视频后期处理软件?
2. 视频素材如何处理?
3. 视频如何进行剪辑?
4. 视频如何进行变速?
5. 视频如何调节音频?
6. 视频如何增加字幕与特效?
7. 如何导出视频成片?

第 8 章　精选实战案例

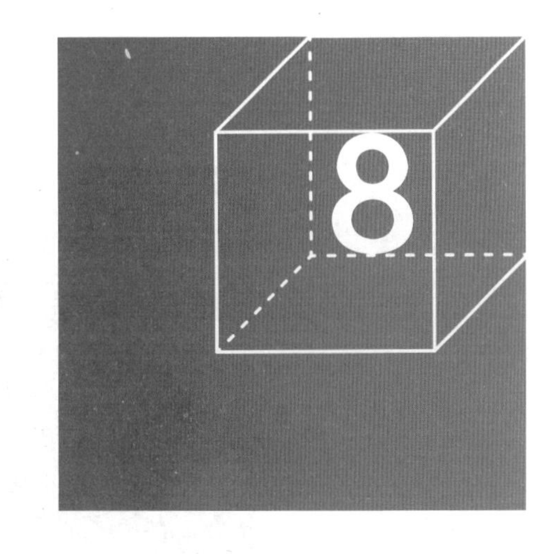

短视频可谓经历了一波又一波的高潮，出现了很多优秀的作品。这些作品存在一个共性，画面不一定要多精美或拍摄多么精良，但可以通过后期处理制作成一个独一无二的优秀视频。

8.1 “天地相接”镜像效果

“视频镜像效果”的含义是通过调整视频播放样式，让视频以“镜像”的方式播放，通常情况下是指“对称”视频的播放，假设原视频中的画面偏右，应用了“镜像效果”之后，视频中的画面就会偏左，原视频与镜像视频进行对比时会发现，两个视频中的画面是相反的，但又是对称的，而这种调整视频播放样式的特效就叫作“视频镜像效果”。

（1）打开剪映软件，执行单击“导入”视频框，单击新建项目选择素材进行视频创作，如图 8.1 所示。

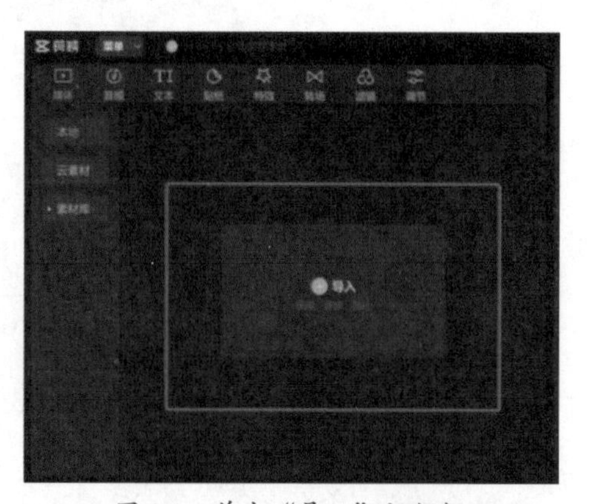

图 8.1 单击“导入”视频框

（2）导入原始素材后，如图 8.2 所示，拖曳视频至编辑区域，添加预备调整视频，视频放置编辑区域可进行及时修改，如图 8.3 所示。

图 8.2 导入原始素材

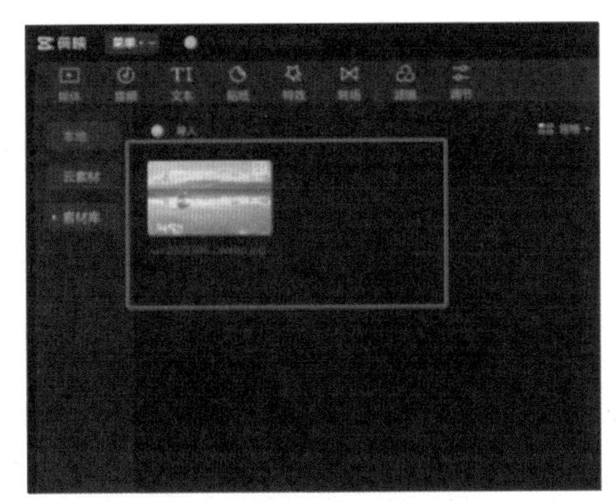

图 8.3　添加视频

（3）将素材从处理软件中导入，如图 8.4 所示。单击镜像效果，实现镜像效果，如图 8.5 所示。单击“导出”按钮，完成镜像效果，如图 8.6 所示。最终效果如图 8.7 所示。

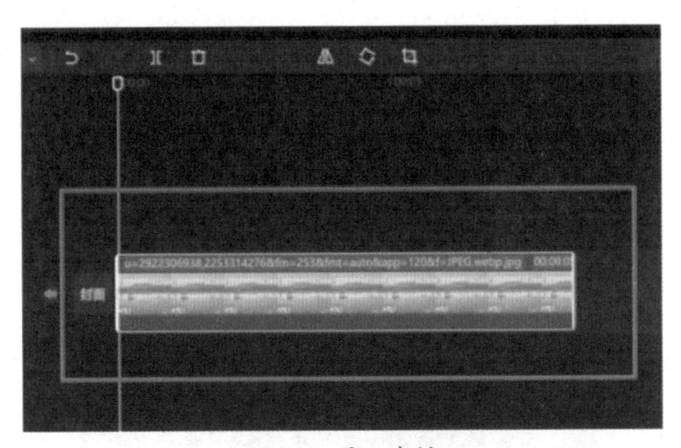

图 8.4　导入素材

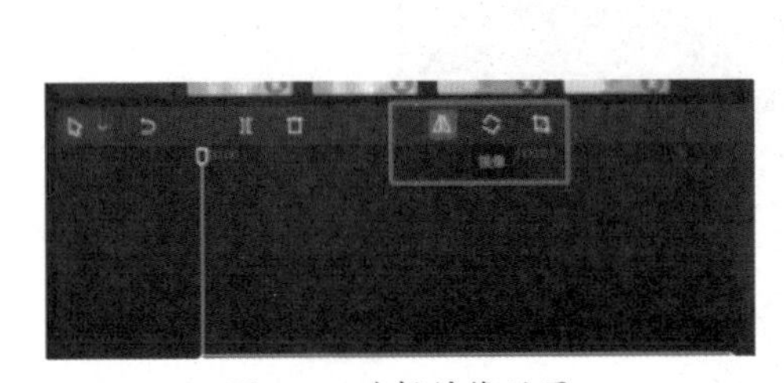

图 8.5　选择镜像效果

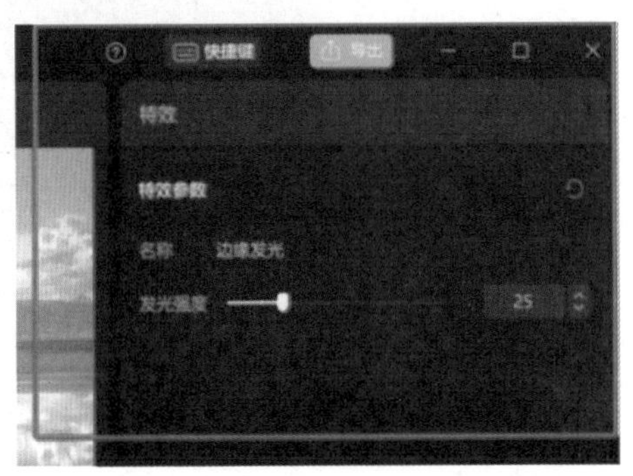

图 8.6　单击“导出”按钮

图 8.7　最终效果

8.2　“分身术”特效

我们看影视剧的时候，经常有多个分身慢慢合并成一个的效果，该怎么制作这种效果呢？下面，我们就来学习剪映实现分身合体视频效果的技巧。

（1）打开剪映软件，点击“导入”视频框，点击新建项目选择素材进行视频创作，如图 8.8 所示，导入原始素材后，拖曳视频至编辑区域。

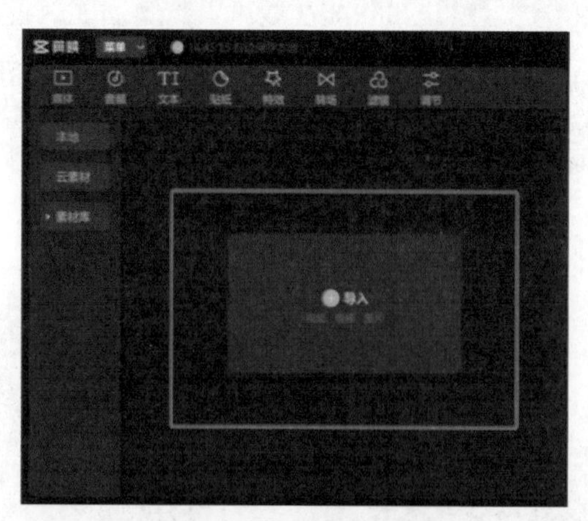

图 8.8　点击“导入”视频框

（2）添加预备调整视频，视频放置编辑区域进行及时修改，如图 8.9 所示，选择需要的视频。原始素材，如图 8.10 所示。

图 8.9 添加视频

图 8.10 原始素材

（3）将原始素材从处理软件中导入，如图 8.11 所示。选中素材，将时间轴移动到第二次出现的位置，将定格照片移动到素材的上方，然后将定格照片的结尾和时间轴对齐，如图 8.12 所示。

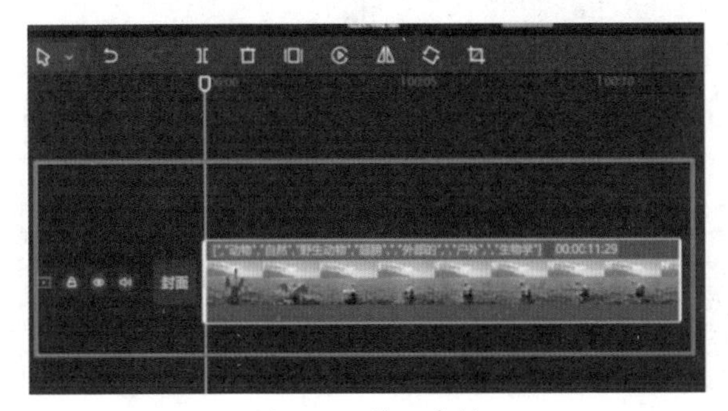

图 8.11 导入素材

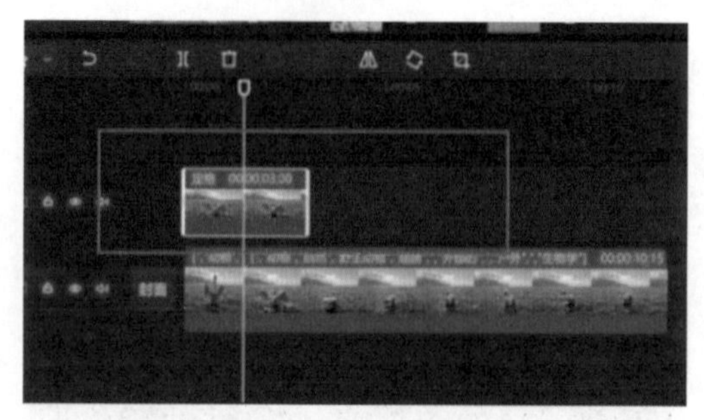

图 8.12　移动图片

（4）单击右侧的“抠像”按钮，选择“智能抠像”选项，如图 8.13 所示。单击“导出”按钮，导出完成材料，如图 8.14 所示。最终效果如图 8.15 所示。

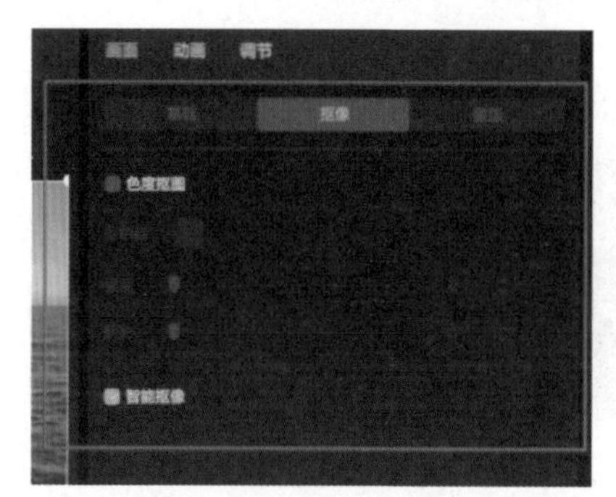

图 8.13　选择“智能抠像”选项

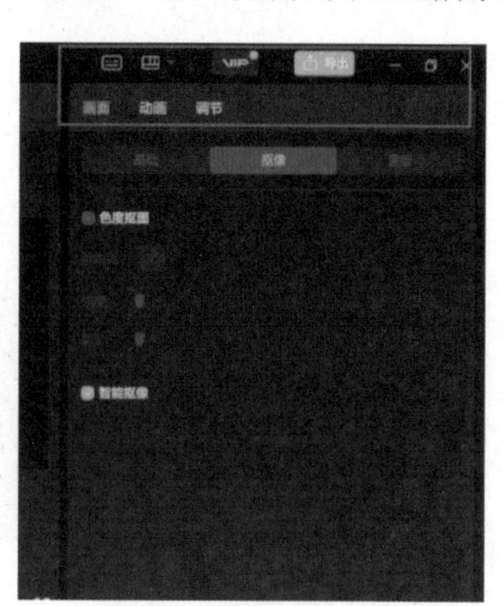

图 8.14　单击“导出”按钮

图 8.15　最终效果

8.3 黑金城市夜景

所谓“黑金夜景”，就是将五光十色的夜景全部转化成金黄色，建筑为偏金属质感的黑灰色。拍过夜景的朋友都知道，霓虹灯的颜色多种多样，青一块、紫一块、红一块，色彩缤纷。通过后期色彩调整，把照片变成“黑金夜景”，不失为让人眼前一亮的办法。

（1）打开剪映软件，单击“导入”视频框，单击新建项目选择素材进行视频创作，导入原始素材后，拖曳视频至编辑区域，如图 8.16 所示。

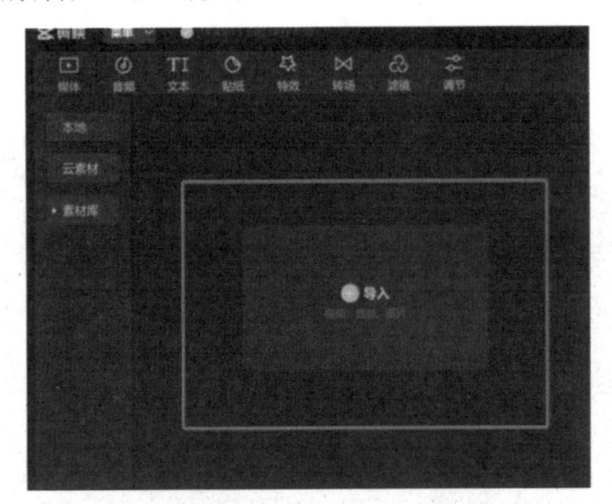

图 8.16　单击“导入”视频框

（2）添加预备调整视频，如图 8.17 所示，视频放置编辑区域可进行及时修改，单击“导入”视频框，添加预备调整视频，原始素材如图 8.18 所示。

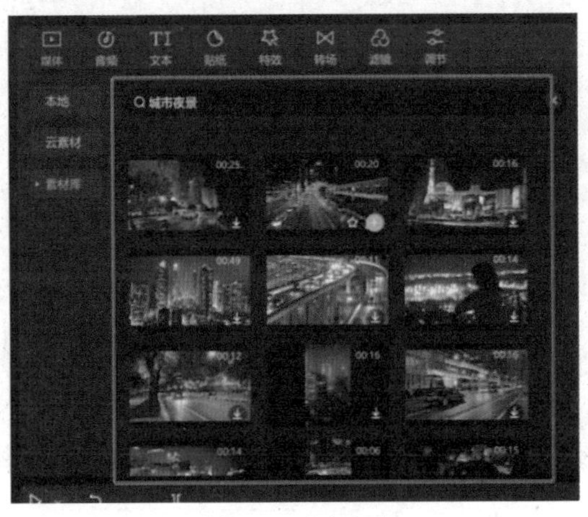

图 8.17　添加视频

图 8.18　原始素材

（3）将原始素材从处理软件中导入，如图 8.19 所示。从菜单栏中选择“滤镜”选项，并选择“黑金滤镜”选项，如图 8.20 所示。将滤镜添加至视频，如图 8.21 所示。

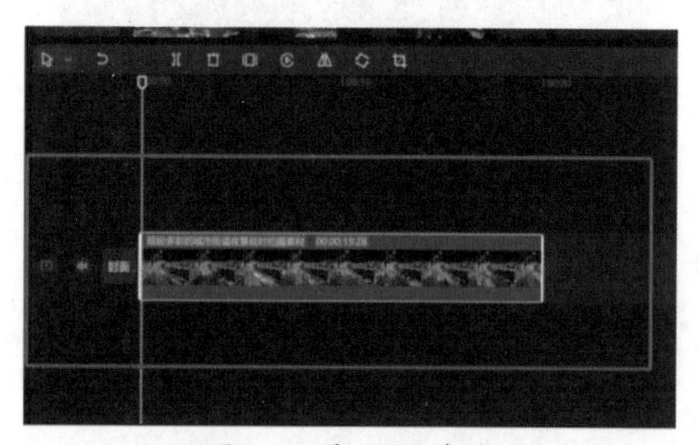

图 8.19　导入原始素材

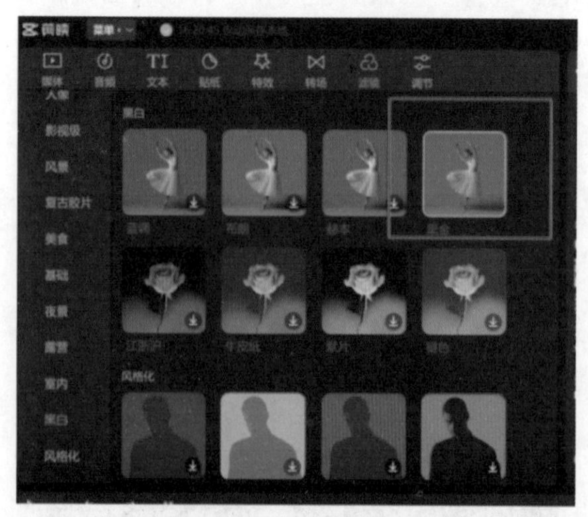

图 8.20　选择“黑金滤镜”选项

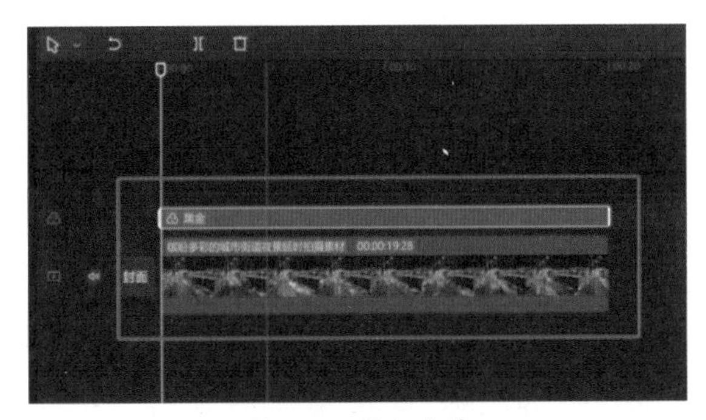

图 8.21 添加滤镜

（4）编辑成功后，单击右上角“导出”按钮，导出完成材料，如图 8.22 所示。

图 8.22 单击“导出”按钮

（5）最终效果如图 8.23 所示。

图 8.23 最终效果

8.4 赛博朋克风特效

赛博朋克风通常表现为落后与先进、黑暗与光明共存，所以从整体来看，这种风格应该是偏“颓”的。而“颓”，恰好又是这个时代很多人的一种生活写照，我们都生活在聚光灯下的阴影里，就像都市洪流里的一粒尘埃，越繁华，越渺小。尤其当黑夜来临，五光十色的霓虹灯亮起，这个世界仿佛变成一处幻境。我们置身其中，却又感觉无处安放自己。

（1）打开剪映软件，单击“导入”视频框，单击新建项目选择素材进行视频创作，导入原始素材后，拖曳视频至编辑区域，如图 8.24 所示。

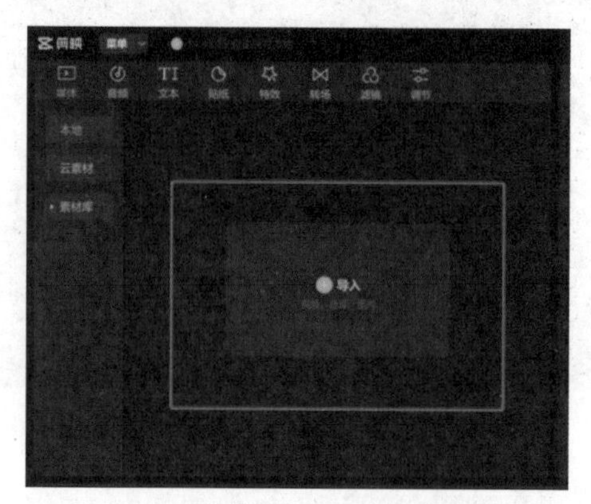

图 8.24 单击“导入”视频框

（2）添加预备调整视频，视频放置编辑区域可进行及时修改，如图 8.25 所示。单击“导入”视频框，添加预备调整视频，原始素材如图 8.26 所示。

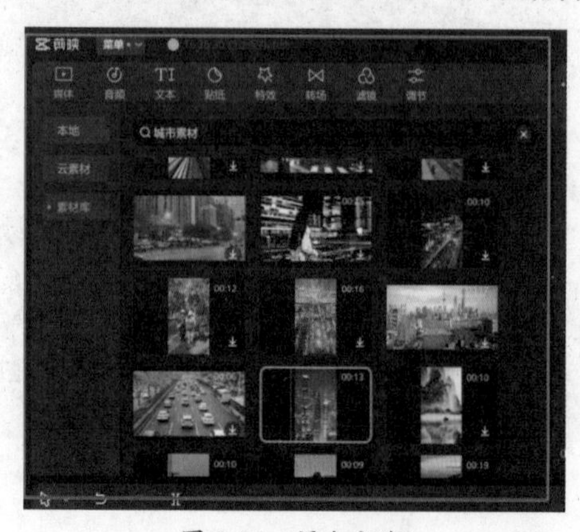

图 8.25 添加视频

图 8.26 原始素材

（3）将原始素材导入，如图 8.27 所示。从菜单栏中选择“滤镜”选项，并选择“赛博朋克滤镜”选项，如图 8.28 所示。将滤镜下拉至编辑框，如图 8.29 所示。

（4）编辑成功后，单击右上角“导出”按钮，导出完成材料，如图 8.30 所示。

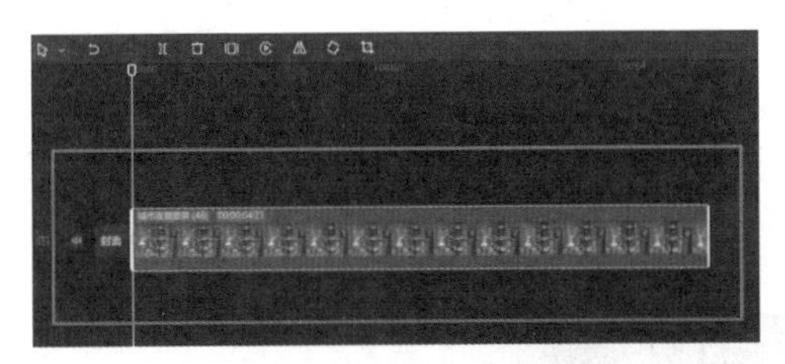

图 8.27 导入素材

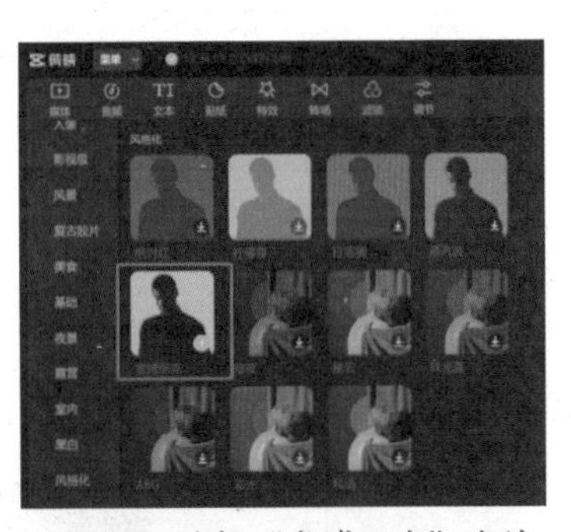

图 8.28 选择“赛博朋克”滤镜

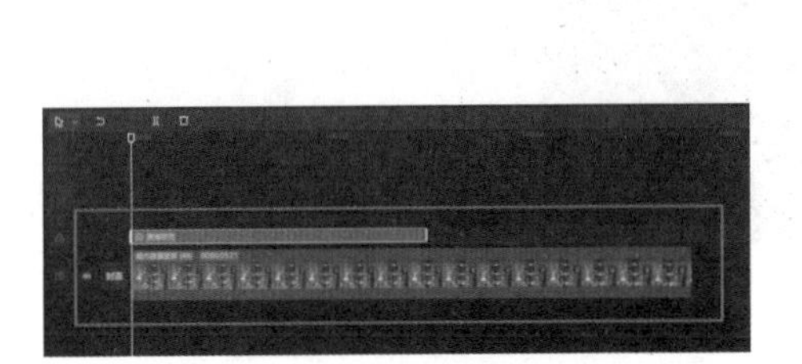

图 8.29 添加滤镜

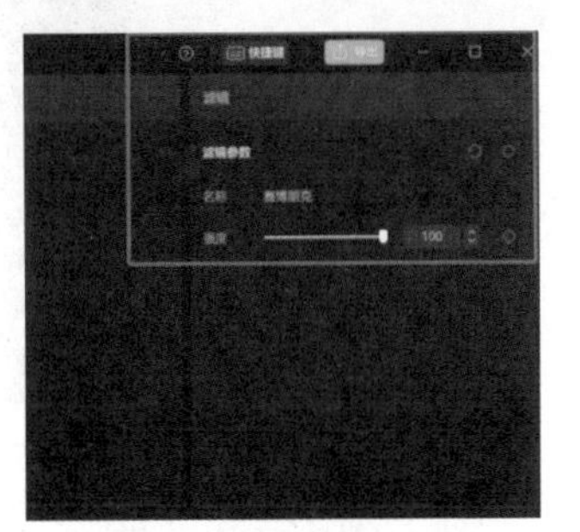

图 8.30 单击“导出”按钮

最终效果如图 8.31 所示。

图 8.31　最终效果

8.5　闪电侠穿越特效

剪映的最新特效——无限穿越，是非常酷炫的转场效果，既可以从照片内部穿越转场，也可以从外面穿越回来。

（1）打开剪映软件，单击“导入”视频框，单击新建项目选择素材即可进行视频创作，如图 8.32 所示。

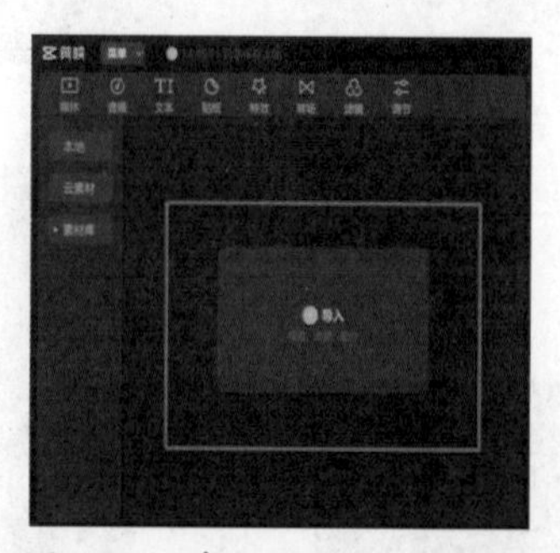

图 8.32　单击“导入”视频框

（2）添加预备调整的视频，如图 8.33 所示。单击“导入”视频框，导入原始素材，如图 8.34 所示。

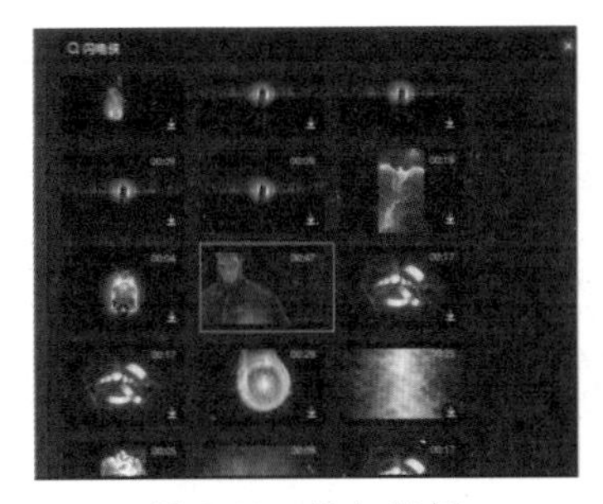

图 8.33　添加视频

图 8.34　原始素材

（3）将原始素材拖曳至编辑区域，如图 8.35 所示。进入视频编辑页面后，在菜单栏中选择转场选项，就会出现穿越特效，如图 8.36 所示。选择穿越转场，如图 8.37 所示。

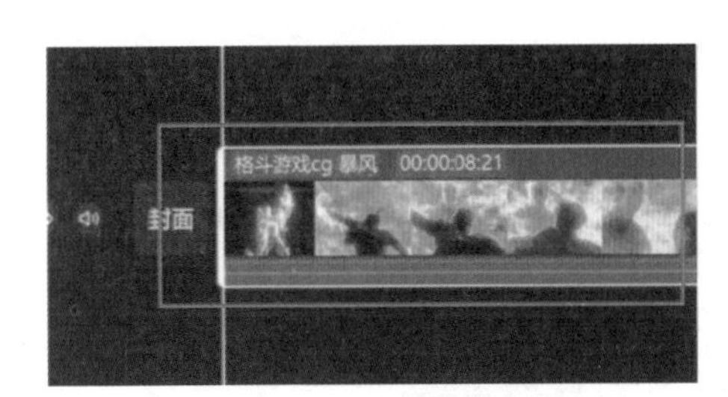

图 8.35　导入原始素材

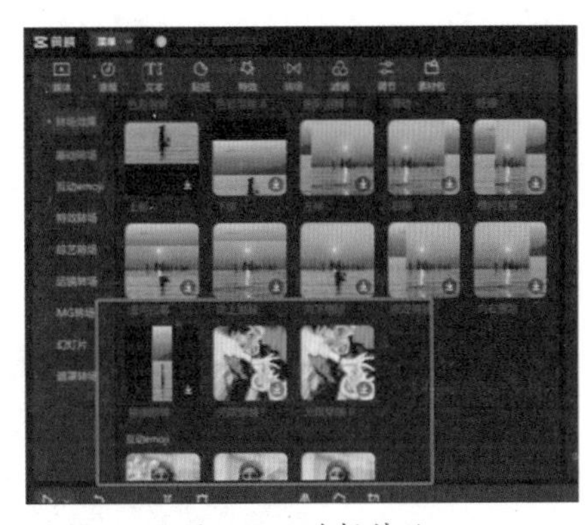

图 8.36　选择特效

（4）编辑成功后，单击右上角“导出”按钮，导出完成视频，如图 8.38 所示。

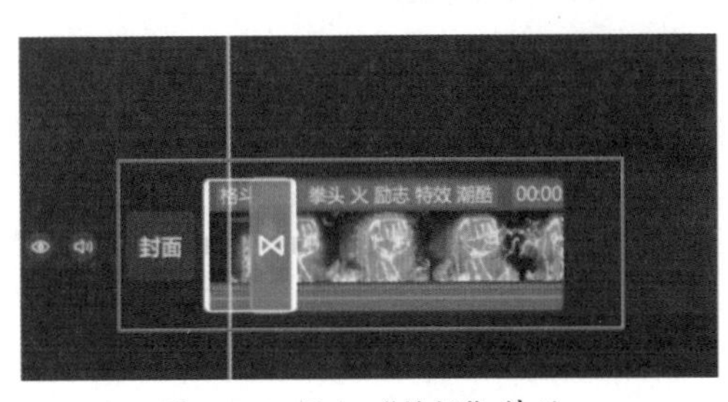

图 8.37　添加“转场”特效

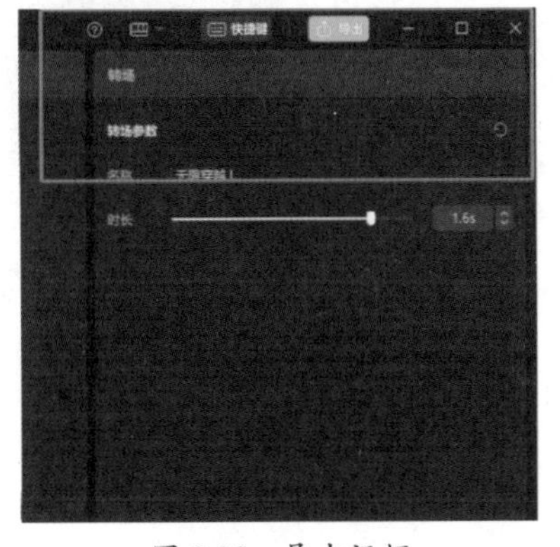

图 8.38　导出视频

最终效果如图 8.39、图 8.40 所示。

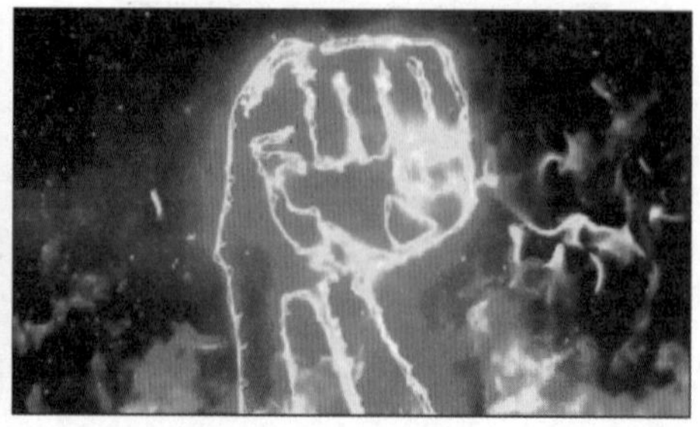

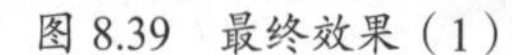

图 8.39　最终效果（1）

图 8.40　最终效果（2）

8.6　动感音乐卡点视频

动感音乐通过轻快的电子鼓点声和欢快的节奏感，让人觉得积极向上，充满活力。本节介绍动感音乐卡点视频的制作。

（1）打开剪映软件，单击“导入”视频框，单击新建项目选择素材即可进行视频创作，如图 8.41 所示。

图 8.41　单击“导入”视频框

（2）添加预备调整的视频，如图 8.42 所示。单击“导入”视频框，导入原始素材后，拖曳至编辑区域，如图 8.43 所示。

图 8.42 添加视频

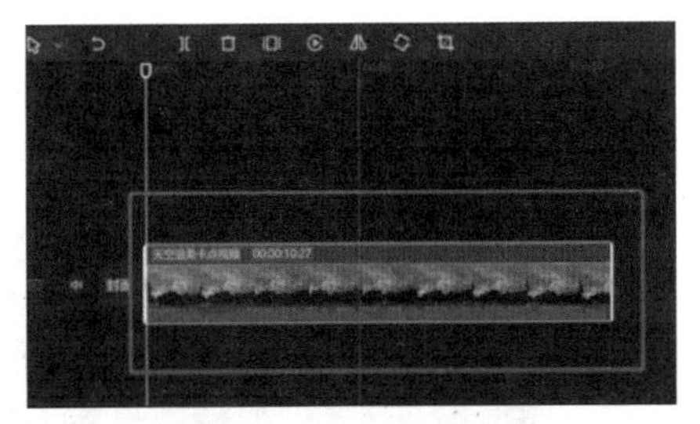

图 8.43 导入原始素材

（3）在菜单栏中选择音频选项，选择音频中的卡点节奏，如图 8.44 所示。下载动感卡点节奏到当前项目中，如图 8.45 所示。

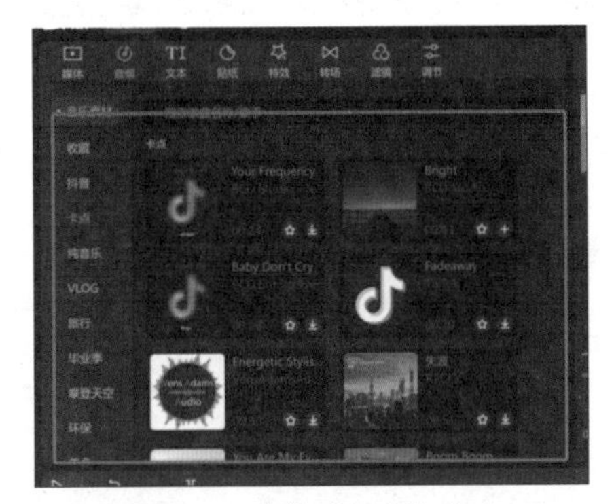

图 8.44 选择“卡点”节奏

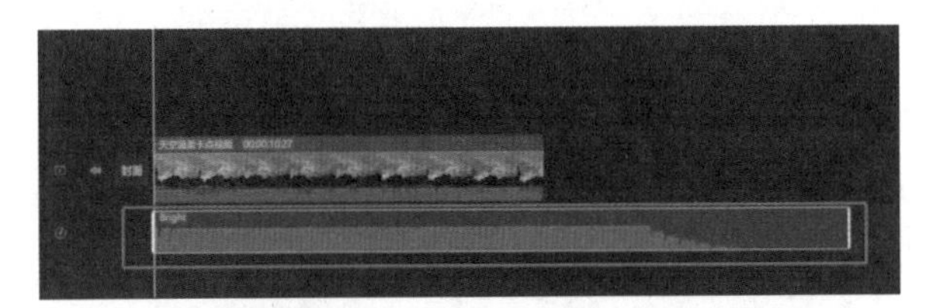

图 8.45 添加“卡点”节奏

（4）编辑成功后，单击右上角“导出”按钮，导出完成视频，如图 8.46 所示。

图 8.46 导出视频

最终效果如图 8.47 所示。

图 8.47　最终效果

8.7　电影级大片制作

很多人非常喜欢电影的色调，因此希望短视频也能按电影的方法去调色，以获得更大的动态范围、对比度以及影调风格。如今随着技术的发展，剪映中通过模式的转换也能轻松实现电影级效果，使视频获得更震撼、更高级的色彩表现。

（1）打开剪映软件，单击“导入”视频框，单击新建项目选择素材即可进行视频创作，如图 8.48 所示。

（2）添加预备调整视频，如图 8.49 所示。单击导入视频框，导入原始素材，拖曳至编辑区域，如图 8.50 所示。

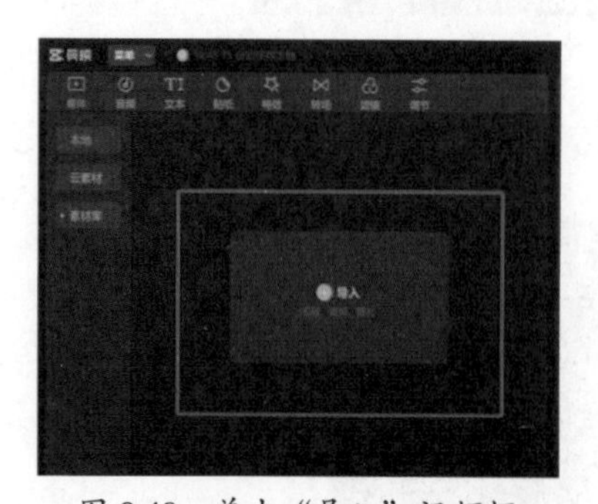

图 8.48　单击“导入”视频框

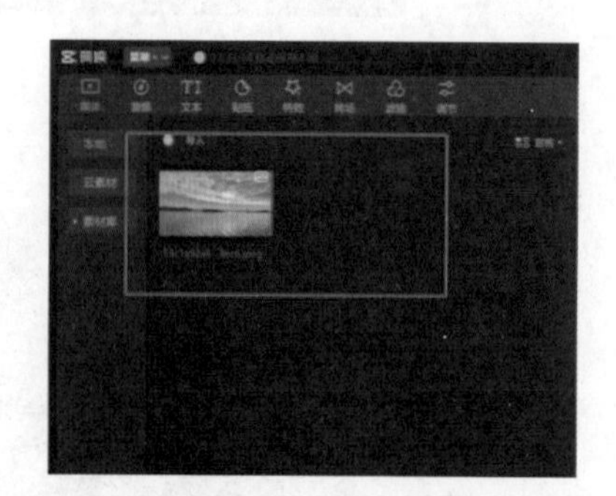

图 8.49　添加视频

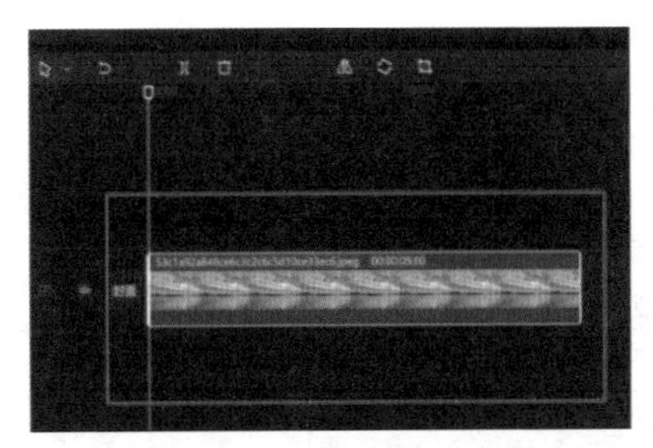

图 8.50 导入原始素材

（3）从菜单栏中选择“滤镜”选项，如图 8.51 所示。选择电影感滤镜至视频，如图 8.52 所示。

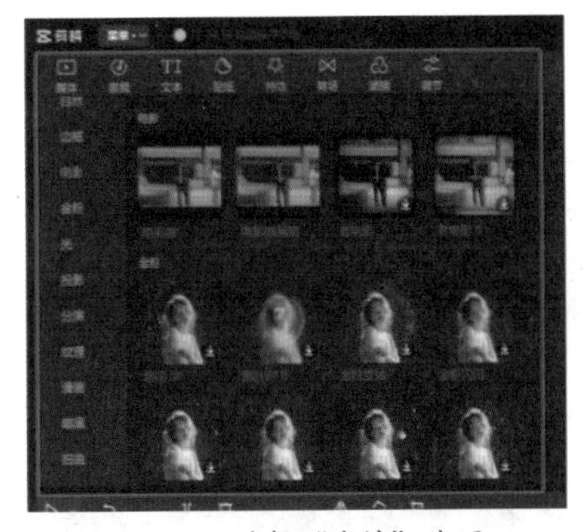

图 8.51 选择“滤镜”选项

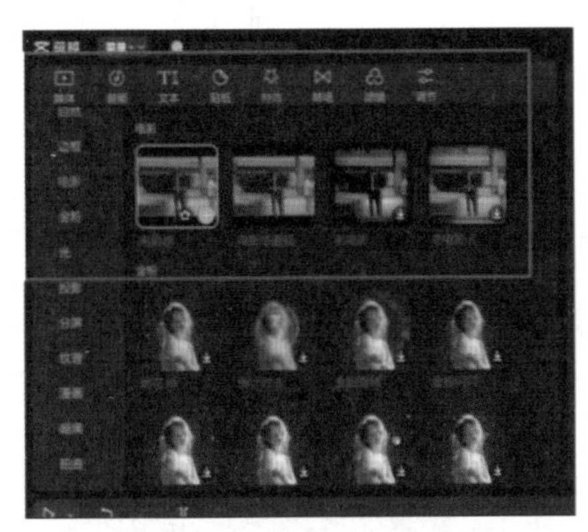

图 8.52 选择电影感滤镜

（4）选择电影感滤镜后（见图 8.52）下拉至视频编辑框，如图 8.53 所示。单击音效，进入音效页面，如图 8.54 所示。选择试听喜欢的音效，添加音效即可，如图 8.55 所示。

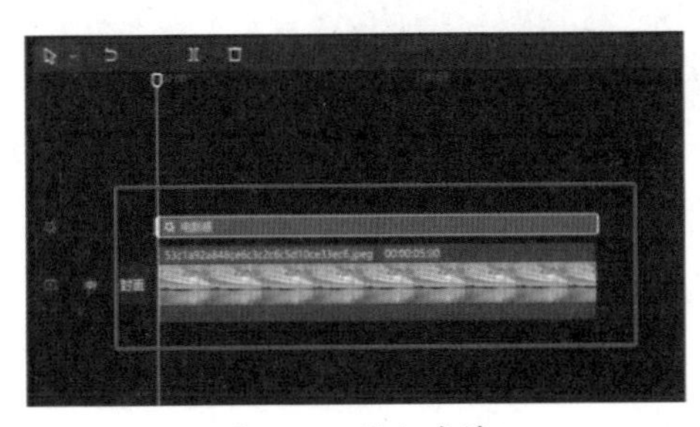

图 8.53 添加滤镜

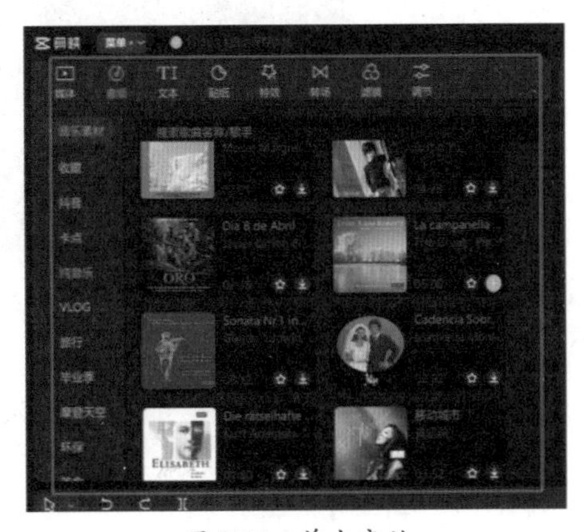

图 8.54 单击音效

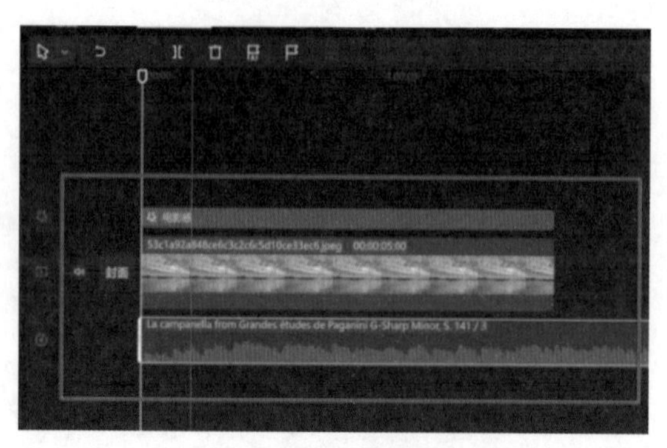

图 8.55　添加音效

（5）选择菜单栏中“文本”选项，如图 8.56 所示。选择“添加字幕”选项，如图 8.57 所示即可在视频中成功添加字幕，如图 8.58 所示。

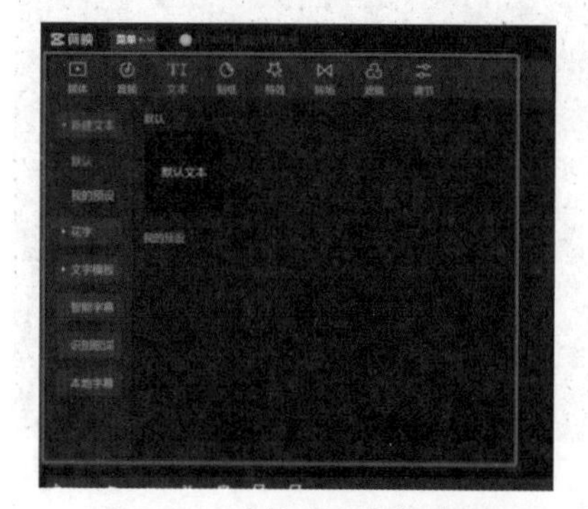

图 8.56　选择“文本”选项

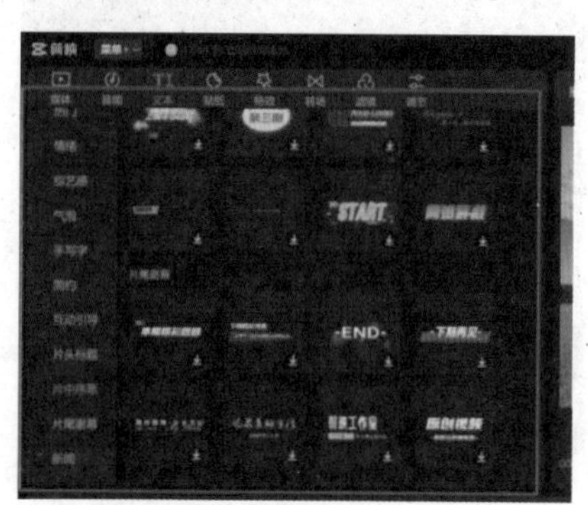

图 8.57　选择“字幕”

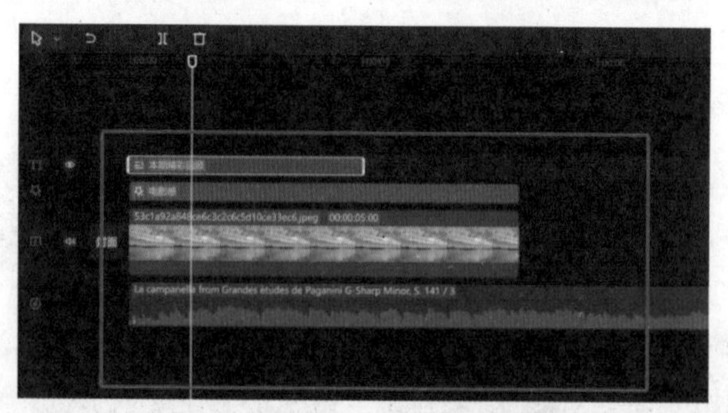

图 8.58　添加字幕

（6）选择准备导入的素材文件，如图 8.59 所示。将素材视频拖曳至编辑区域，如图 8.60 所示。

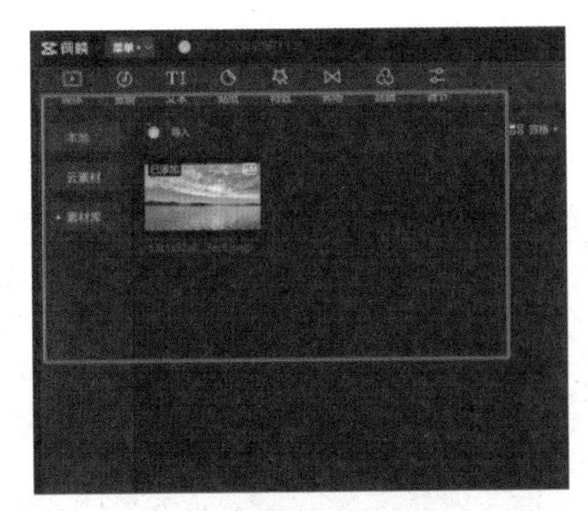

图 8.59 导入素材

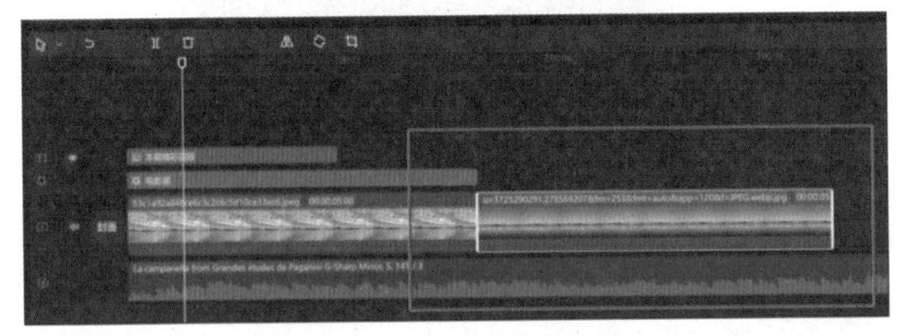

图 8.60 添加视频

（7）选择菜单栏中的“转场”选项，就会出现不同风格的转场特效，选择喜欢的转场特效，如图 8.61 所示，将选好的特效下拉至下部编辑区域，添加转场如图 8.62 所示。

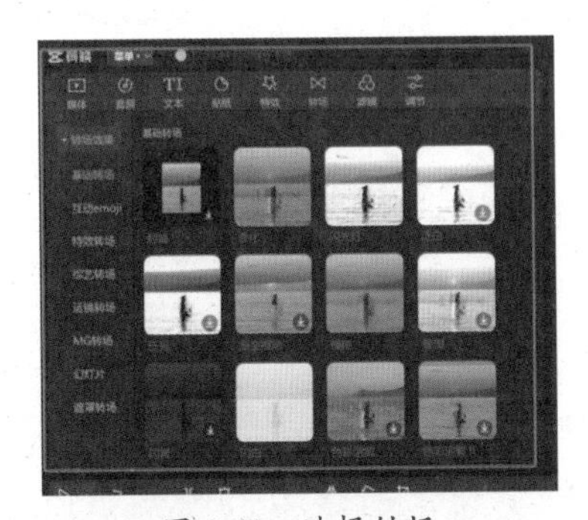

图 8.61 选择转场

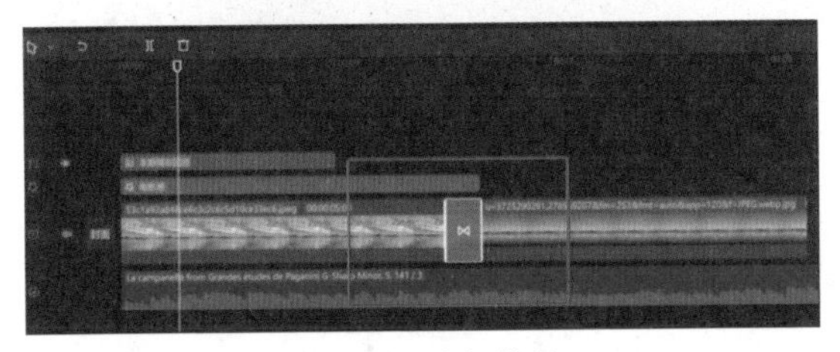

图 8.62 添加转场

（8）编辑完成后，单击右上角“导出”按钮，导出完成视频即可，如图 8.63 所示。

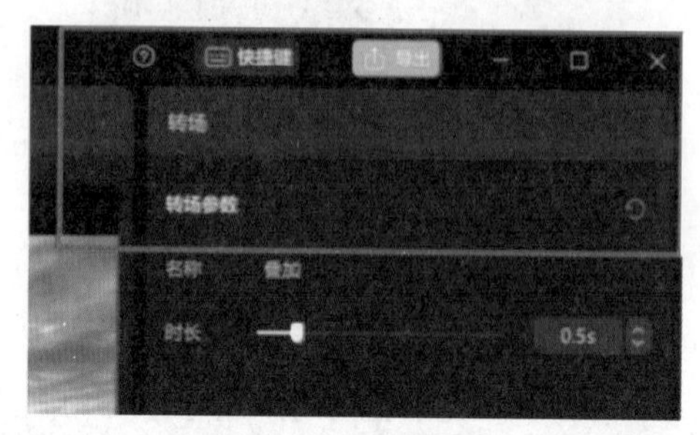

图 8.63 导出视频

最终效果如图 8.64 所示。

图 8.64 最终效果

8.8 创意短视频制作

作为内容输出的重要环节，把握人性需求点，并进行创意输出，是在当前同质化竞争中脱颖而出的最大法宝。而在短视频创作中，70% 的时间都用在了思考创意上，因为爆款视频 95% 以上都依赖创意。但是创意的产生是随意的、不定时的。

（1）打开剪映软件，单击“导入”视频框，单击新建项目选择素材即可进行视频创作，如图 8.65 所示。

（2）添加预备调整视频，如图 8.66 所示。单击“导入”视频框，导入原始素材，拖曳至编辑区域，如图 8.67 所示。

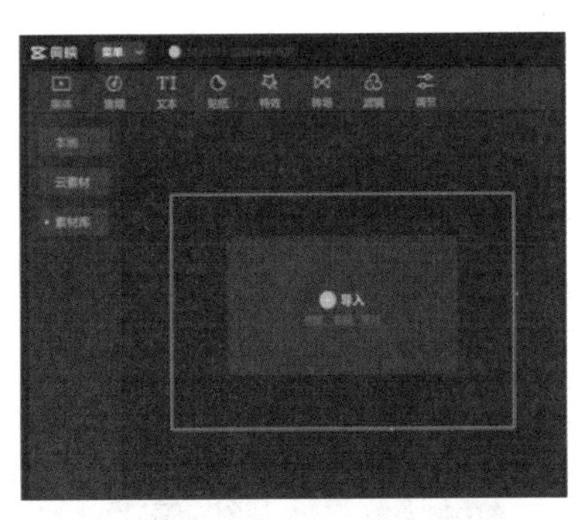

图 8.65　单击“导入”视频框

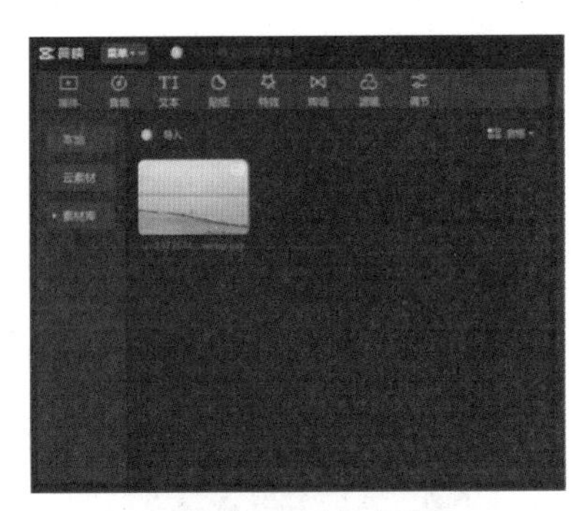

图 8.66　添加视频

（3）调出比例菜单，选择“9 ∶ 16”选项，调整屏幕显示比例，如图 8.68 所示。返回主界面，单击“背景”按钮，如图 8.69 所示。进入背景编辑界面，选择“样式”选项，如图 8.70 所示。

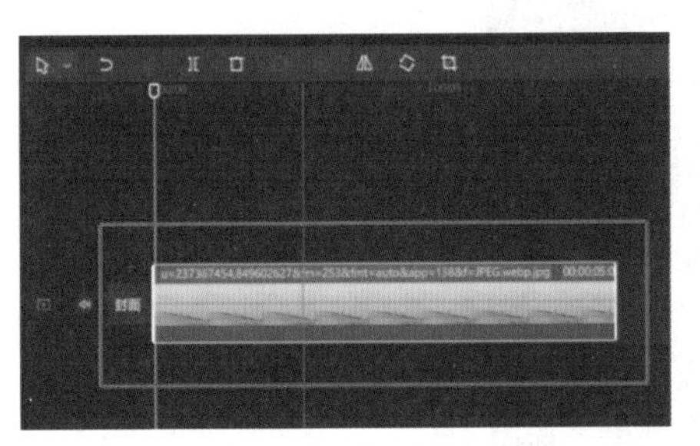

图 8.67　导入原始素材

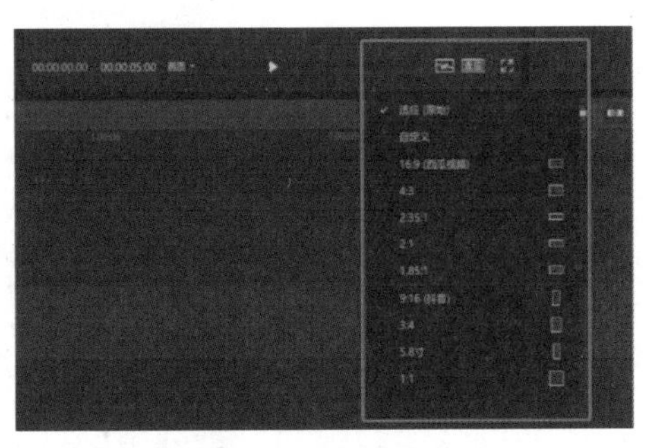

图 8.68　调整屏幕比例

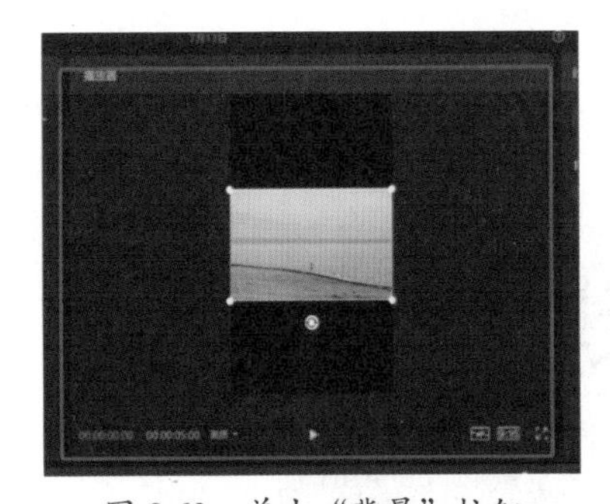

图 8.69　单击“背景”按钮

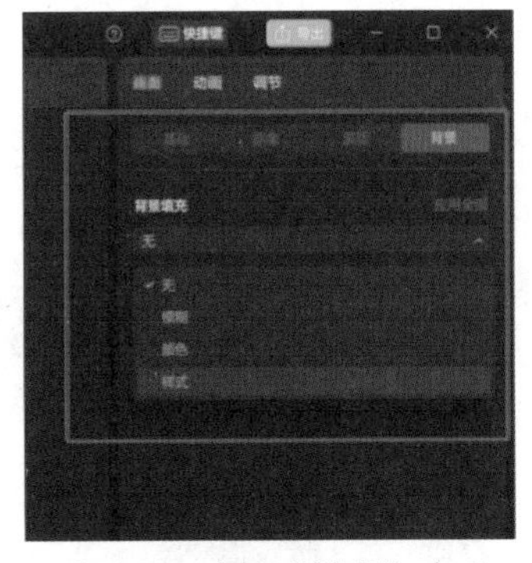

图 8.70　选择“样式”选项

（4）调出画布颜色菜单，可以在其中选择合适的背景颜色效果，如图 8.71 所示。选择相应颜色，如图 8.72 所示。

图 8.71　调出画布颜色菜单

图 8.72　选择画布颜色

（5）在背景编辑界面中单击“画布样式”按钮，调出相应菜单，如图 8.73 所示。

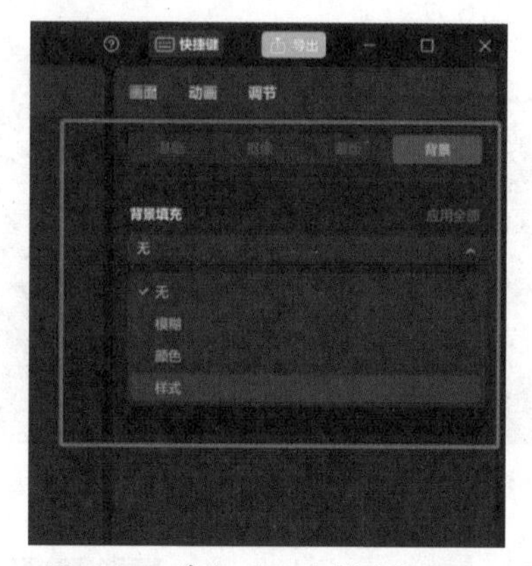

图 8.73　单击“画布样式”按钮

（6）在背景编辑界面中单击“画布模糊”按钮调出相应菜单，选择合适的模糊程度，即可制作出抖音火爆的分屏模糊视频效果，如图 8.74 所示。

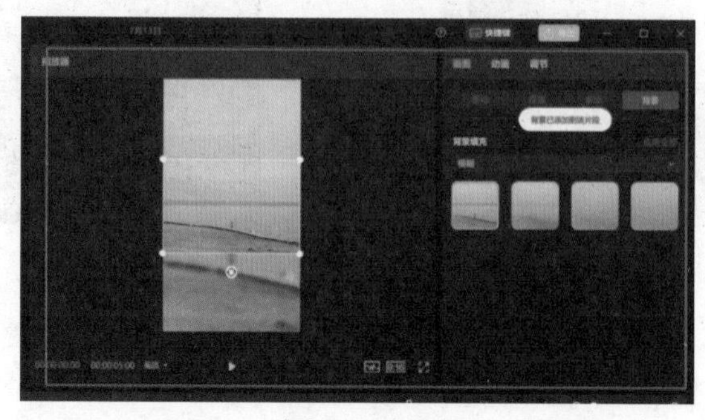

图 8.74　单击“画布模糊”按钮

（7）单击右上角的“导出”按钮，即可导出并预览视频，如图 8.75 所示。

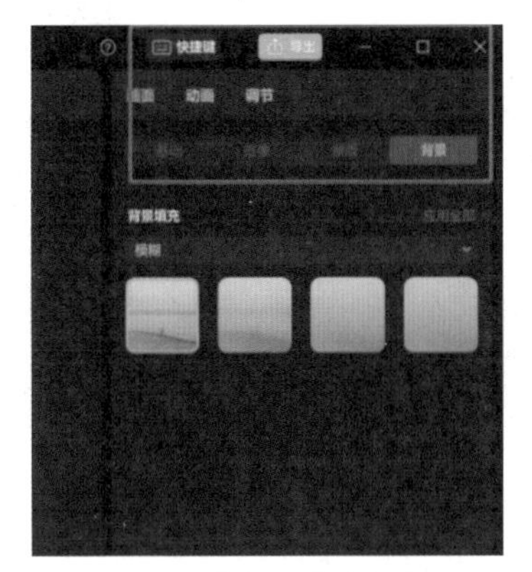

图 8.75　单击“导出”按钮

（8）最终效果如图 8.76 所示。

图 8.76　最终效果

思考题

1. 详细分析本书中提及的实战案例。
2. 你还知道哪些特效?
3. 实际选择一个特效进行操作。